你值得被理解

小姿／著

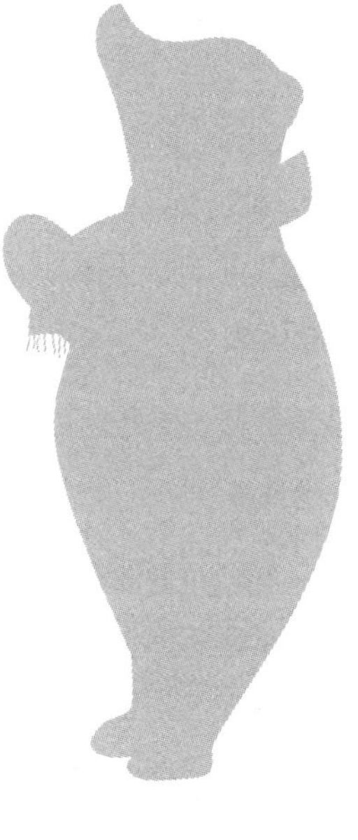

北方文藝出版社

图书在版编目（CIP）数据

你值得被理解 / 小姿著 . -- 哈尔滨：北方文艺出版社，2020.2

ISBN 978-7-5317-4709-3

Ⅰ . ①你… Ⅱ . ①小… Ⅲ . ①焦虑 - 心理调节 - 通俗读物 Ⅳ . ① B842.6-49

中国版本图书馆 CIP 数据核字（2019）第 285264 号

你值得被理解

Ni Zhide Bei Lijie

作　者 / 小　姿

责任编辑 / 富翔强

装帧设计 / 平平

出版发行 / 北方文艺出版社

发行电话 /（0451）85951921 85951915

地　址 / 哈尔滨市南岗林兴街 3 号

邮　编 / 150080

经　销 / 新华书店

网　址 / www.bfwy.com

印　刷 / 朗翔印刷（天津）有限公司

字　数 / 160 千

版　次 / 2020 年 2 月第 1 版

开　本 / 787 × 1092　1/32

印　张 / 9

印　次 / 2020 年 2 月第 1 次印刷

书　号 / ISBN 978-7-5317-4709-3

定价 / 46.80 元

序

别人的故事里，藏着的，你自己的心事

-01-

做情感主播的这些年，我的邮箱、微信经常收到各种各样的求助信息，悲伤的、纠结的，甚至绝望的。

他们的故事里大都包含着自己的人生轨迹，但很多时候，很多人需要的不是解惑，而仅仅是支持和理解。

我们生活的这个世界，总是被太多功利的东西所裹挟，成功、金钱、名利、地位等，把每个人都推进飞速运转的轮回中，不知该如何停下来。

太多的人见过黎明之前城市的模样，却不愿接受黑暗来临之时孤寂的灵魂。

我们不接受自己失败的样子，不接受遇见挫折时流下的眼泪，不接受被爱情所抛弃，也不接受自己终究是个再平凡不过的人……

于是，我们苛求自己、纠缠别人，抑或怨天尤人，唯

一做不到的却是接纳自己、拥抱自己、理解自己。

但是，人生就是一次又一次跌倒，然后继续爬起的过程啊！

在这个过程中，我们每一次与现实的碰撞，都会产生或多或少的裂痕，而成长的过程就是要学会接纳这些裂痕，而后继续前行。

-02-

我从来都不敢承认自己是谁的老师，又或者帮助过谁走出过哪些泥泞，因为我知道，最终能够帮助他们走出黑暗的，只有他们自己。

每个人都有自己的小宇宙，而我只是负责在他们迷失方向时，给予一点指引，让他们能够看到一点点微光，继而点燃生命的熊熊之火。

谁都有难过的时候，谁都有沮丧的时候，也许你会觉得太累，而拒绝前行。

但随着时间的推移，你的思维、经历、感悟，都会产生一次又一次的重组。你会发现你十八岁挠破头也想不明白的事情，到了二十八岁自然迎刃而解。

所以，你正在经历的那些不开心、被诋毁、被误解、被伤害……如果你能咬紧牙关一步步地熬过去，你就会发现很多曾经让你痛不欲生的往事，都会随时间渐渐消散。

而历经磨难的你，将很容易就扛起原来你想都不曾想过的重量。

就像泰戈尔曾说过的：你今天受的苦、吃的亏、担的责、扛的罪、忍的痛，到最后都会变成光，照亮你的路。

同样，你所经历的那些软弱、不完美、不宽容、不成功，甚至任性、冷漠、谎言……也都会成为你生命长河中熠熠生辉的珍珠。

-03-

生而平等，你值得被理解！

我见过许多痛哭流涕的人，也听过很多爱而不得的故事，更看过太多纠结不前的生命旅程。

但我，更希望你知道：

不管你是笑靥如花，还是泪流满面，这都是你最真实的情感体验，没有人可以指责你，而你也可以拥抱真实的自己。

不管你是身在高处，还是身陷低谷，只要你是向阳而生，就不必活在他人的期待里，因为任何时候，能支撑你的都是你自己。

不管你是平凡，还是不平凡，只要你心中有坚定的信念，不将就生活，也不辜负自我，你就是你的英雄。

生为肉身，我们会愤怒、会自私、会任性，可这都是正常人应有的情绪，你不必苛责自己。

要相信，上天赐予你的那些敏感，都是最好的礼物，而能够真实表达自己内心的你，其实也很可爱！

每一个生命都是平等的，都是值得“被理解”“被认可”和“被尊重”的，没有什么是绝对的“坏”，也没有什么是绝对的“好”。

那些看似简单的“被理解”和“被认可”，其实充满着巨大的能量，它能够疗愈我们内心潜在的那一份“不完美”，让我们能够更真实地去呈现自己，去成为更完整的人！

人这一生，是一个与自己不断和解的过程，我希望你能够看到内心的光，不断地打破屏障，与真正的自我牵手。

要相信：不管你是什么样子，都是独一无二的存在，不可被取代，也无法被忽视！

不管经历过多少苦难，你始终都是值得被看见、值得被理解、值得被懂得、值得被爱的！

而那些曾经让你念念不忘的撕裂般的伤痕，最终都将变成你生命中、故事中的美丽花纹，伴随着你一步步走向更远的地方。

我知道能触动你的，从来都不是别人的故事，而是别人的故事里，藏着的，你自己的心事。

我是小姿，带着真诚和祈愿，期待能在《你值得被理解》这本书里，与你相逢，从那些简单而又平凡，是你也是我的故事中，一起探索，一起成长，遇见更美好的自己！

目 录 / CONTENTS

Chapter 2

我们都不完美，永远都讨好不了所有人

Chapter 3

放弃，不是你输了，而是你懂了

Chapter 4

有些事不值得原谅，跟大不大度没关系

Chapter 5

不为无为之事，何遣有生之涯

Chapter 10

热情很脆弱，禁不起一次次忽略

Chapter 11

你想真实，却没人给你真实的力量

Chapter 1

那些努力微笑的人，也曾在黑夜里痛哭

允许悲伤，是对自己最大的温柔

-01-

那个夜晚的风很轻，可是好友筱筱的电话却使我心情沉重。

电话的那头，她一边抽泣，一边向我诉说着内心的苦闷：

“我心里很清楚，我应该向前看，应该对自己好一点，应该不要撕心裂肺地想他……应该把自己打扮得漂漂亮亮的，等着遇见下一段爱情……这些道理其实我都懂。

“可是，他是我用心爱了五年的人啊，我爱了他那么久，怎么能不难过？

“我也特别想装成什么事都没有的样子，我也想把他当作可有可无的存在，我也想赶快让自己走出来……但是，我就是这么没出息，一到夜晚我就会想起他。一想起他，我的心就像被撕裂了一样。

“我同事说，走不到头的爱情永远都不是最好的爱情，所以我应该感到庆幸吗？我妈说，不就是一个男生嘛，有那么些伤心的工夫还不如多想想工作……

“可是……可是我明明一直在告诉自己要忘记他，要向前看，为什么一想起他我还是会那么难过？”

我问她：“你们分手多久了？”

她说：“到今天为止，刚好十三天。”

我的心忍不住揪了一下，才十三天，我们平时得个小感冒，都要至少一周才能痊愈，一个深爱了五年的人，怎么可能在这么短的时间内轻易忘记呢？

“你可以允许自己悲伤，因为悲伤本身就是正常的情绪。”

“我……真的可以吗？你不会笑我懦弱，笑我傻？”筱筱的语气听上去有些迟疑。

我语气很坚定：“亲爱的，适度悲伤也是爱自己的一种方式。”

-02-

很多人会告诉我们失恋了该怎么做——“你应该快点走出来”“每个人都会失恋，这没什么大不了的”“为一个男人（或女人）寻死觅活的，根本不值得”……

所以，我们逐渐学会了让自己变得强大，不允许自己有太多的愤怒，不接受无意义的消沉，更不会轻易妥协，连悲伤似乎都成了懦弱的代名词。

我们每天告诉自己，要时刻做个充满笑容、努力向上的人，小心翼翼地回避着内心的那些灰暗，不让它们把自己包围。

可是我们却忘了，我们不是神，我们只是有血有肉的凡人，并非刀枪不入。面对生活给予我们的种种挫折和不幸，我们会难过，会彷徨。

悲伤是无法选择的。当你对那些伤心难过的事感到无能为力时，你只能逃避它，或者接纳它。

强迫自己关掉悲伤的入口，召唤理智来对抗生活，这其实并不能代表你坚强，而只能说明你不敢面对。

瑞士心理学家维雷娜·卡斯特写的《体验悲哀》一书中有一句话让我印象深刻：一个人之所以患上抑郁症，往往不是因为过度悲伤，而恰恰是拒绝了悲伤。

事实上，当你放弃所有意识层面的防御，允许自己面对真实的情感时，你会发现，悲伤其实是一种比喜悦更能让人脱胎换骨的力量。

它会让你明白：无论悲伤也好，脆弱也好，颓废也好，日子总归还要继续，而你也终归会从情伤中走出来。

是的，很多时候，我们往往比自己想象的更坚强。

-03-

生活在这个时代，我们对每个人的要求都很高——或许是因为我们对自己要求太高的缘故。

在该悲伤的时候不允许自己悲伤，该脆弱的时候不允许自己脆弱，该无能的时候不允许自己无能。我们不但不允许，还会时刻批判自己：

你怎么这么无能，他（她）都不爱你，你还难过什么？

别人都能很快走出来，为什么你不能？

你不要哭了，哭有什么用？

你再这么颓废下去，连自己都要看不起自己了！

可每每这时，我们还是无法骂醒自己，等待我们的还是无边的痛苦。

趋乐避苦是人的本能，对生活充满无力感，面对痛苦和挫败时总想要逃跑，这是人本能的防御机制，所以并不存在对错好坏。

你可以给自己一个宣泄的理由，允许自己在悲伤无力中挣扎一下，允许自己难过——该哭就哭，想大声哭就大声哭，这其实都是很正常的。

其实，这就好比一个不会游泳的人落水后会本能地扑腾，但每一次扑腾其实都是很消耗体力的，如果他能保持冷静，调整自己的呼吸，尽量减少体力消耗，就能争取时间呼救或自救。

同理，我们如果能直面、接受自己的悲伤，与悲伤独处，我们就会发现，其实它并没有那么可怕。

-04-

美国心理学家黛比•福特 (Debbie Ford) 曾说过：与其做一个好人，不如做一个完整的人。做一个好人，只是活出一半的自己；而做一个完整的人，则是活出全部真实的自己。

是的，拥有健康的心态，比拥有一百种智慧更有力量！

无论在任何时候，允许自己悲伤，接纳自己，永远是比自我折磨更高效、更快速地适应世界的方法。

所以，悲伤对于我们来说只是一种情绪，它和快乐一样，都有自己的使命，让我们能够更清楚地看清自己，更勇敢地生活。

允许悲伤，其实是对自己最大的温柔。

这个世界上，永远不会有切切实实的“感同身受”，所以你也没必要去听旁人怎么说。

别人说得再多，也不可能代替你去生活。

就好像我最喜欢的一句歌词：“别人说的话随便听一听，自己做决定！”

这才是生活的正解。

《奇葩大会》的某一期中，一个摄影职业者分享了这样一个观点：悲伤应该是被看见的。

每个人都会悲伤，虽然有的人看上去很开心，很有可能是因为他把悲伤掩藏在了心底深不可见的地方。

但其实悲伤不是一种应该被隐藏的情绪，它和快乐一样，只是我们的众多情绪中最平常的一种。

我真心希望，那些悲伤的人可以接纳心中的苦，因为流泪也是为了明天能更好地微笑。

忘不掉的人不必急着去遗忘，可以让自己多想想那些美好的过往，还有曾经在一起的甜蜜瞬间。

那些曾给过我们温暖的人，让我们拥有了披荆斩棘的勇气和无所畏惧的力量，让我们能在这个凉薄的世界里多情地活着！

所以，如果你难过，不用再假装坚强。此刻，你可以摘掉面具，允许自己悲伤一会儿，这是我们给自己最好的爱。

别着急，你可以晚点儿再“懂事”

-01-

前些天，我收到一位听众的来信，她问我：“姐姐，难道长大就非得要懂事吗？”

这位叫小菲的姑娘刚满二十岁，就已经被家里人催着各种相亲，美其名曰“为她好”。

她的一位表叔给她介绍了一个男孩子，比她大八岁，是他上司的儿子。因为平时表叔经常帮她家里一些忙，所以出于礼貌，小菲并没有拒绝这次相亲。

见面的场景说起来有些尴尬，他们两个人在咖啡厅坐了半天，说的话总共不超过十句，还都是小菲先开的口。

小菲对那个男生并没有任何想法，但没想到的是，对方却看上了她。

表叔兴高采烈地跑到她家里，告诉小菲的妈妈：“这下你们家可算走运了，王总就那一个儿子，家里有房有车，小菲嫁过去肯定不会受罪。”

她妈妈听了也连声说好，对这门亲事非常满意。

可小菲却不乐意，她对表叔说：“叔，谢谢您的好意，但我还不想结婚，而且我也不喜欢那个人！”

她妈赶紧说：“什么喜欢不喜欢的，嫁人还不是要嫁个条件好的？你表叔掏心掏肺地为你好，你怎么那么不懂事啊！”

到最后，小菲也没有答应这场婚事。

但也因为这件事儿，表叔得罪了上司，彻底和小菲他们家绝交了。直到现在，她妈和亲戚们一见面儿聊起这件事儿就直说她不懂事，好像真的是她错了一样。

可是，拒绝一个不喜欢的人不是很正常的事吗？小菲不明白，为什么最后她反而成了那个不懂事的人了呢？

-02-

不知道从什么时候起，我们的耳边总会听到这样的话语：

我说这么多，都是为你好，你一定要懂事啊！

女孩子千万要懂事点，这样才会被别人喜欢！

这些东西不是为你准备的，懂事点，别要！

人家辛辛苦苦地为你做了这么多，你怎么就那么不懂事呢？

好像不管别人怎么对我们，我们都只能言听计从、百依百顺、委曲求全，这才叫懂事！

可是如果一旦你被贴上了“懂事”的标签儿，那就意味着你要压抑许多自己的需求，咽下许多的委屈和无助。

经典韩剧《请回答1988》中有一句台词是这样说的：

懂事的孩子只是不会无理取闹而已，她只是适应了应该表现得成熟的环境，习惯了他人充满误解的视线罢了。

所以，懂事其实并不是一个褒义词，对于正在成长中的你来说，它更像是一种枷锁。

因为，懂事的姑娘大多都不太会撒娇，有难处的时候总是一个人默默地扛；懂事的姑娘也不会把自己放在最重要的位置，因为她觉得总有比自己更重要的人；懂事的姑娘也不能提太多要求，只能逆来顺受……

我曾在网上看到过这样一句话：你这么成熟懂事，想必一定没人疼吧？所以，如果所谓的懂事就是让你放弃应有的立场和想法，委曲求全地接受别人的安排，那么，姑娘，我情愿你晚点儿再“懂事”。毕竟，真正属于你自己的时光不多，何必浪费在不值得的人身上呢？

-03-

电影《狗十三》的主人公——十三岁的李玩——那个单亲家庭成长的女孩子，让我明白了大人口中所说的“懂事”是什么意思。

李玩很喜欢物理，但是她的父亲却不顾女儿的意愿，强行让她参与她并不感兴趣的英语小组。

李玩不开心地跑开，父亲就在后面大喊：“等你大了，你就知道你爸这是为谁好。”

那条被她唤作“爱因斯坦”的狗被她爷爷弄丢了，他们弄了一条一模一样的来糊弄她。

其实她想要的并不是一条狗，而是家人的一句道歉，他们对这件事的重视和安慰。

但最终李玩得到的，仅仅是爸爸的一顿暴打。

被暴打过后，李玩道了歉，爸爸拉着她说：“爸打你是因为爸爱你。”

从那以后，李玩学会了“懂事”。

她接受了那只冒名顶替的狗；她开始强忍恶心，咽下从不喝的牛奶；她开始不任性，不为整个家“添堵”。

可是，那一刻，那个真正的李玩已经不存在了。

如果懂事就是要让我们拔掉身上的刺，压抑住内心真实的想法，成为自己最不喜欢的那种人。那么，我希望如果避无可避的话，至少你可以晚一点儿再“懂事”。

不要把自己弄得太委屈，也不要太刻意去满足谁，没有人可以真的控制你的思想，除非你自己愿意这样做。

偶尔的不“懂事”又怎样，那只是我不想太委屈自己而已。

-04-

知乎网上，曾有个姑娘提过这样一个问题：男朋友该不该去机场接出差晚归的女朋友？

底下竟然有人这样回答：这么大的人了，不能自己回去吗？也太不懂事了！

如果懂事意味着要过于顾忌其他人的感受，把自己的需求放低、放小，将自己的个性压抑到几乎没有，那么，我希望你可以不那么“懂事”。如此，你才能知道自己想要的到底是什么，并且尽力去争取，而不是一味压抑自己的情感。

只有这样，你才能更清楚地看懂自己，也能更加从容、自信、洒脱！

我所理解的懂事，就是得理会饶人，懂得换位思考，理解别人的不易，但前提是决不无限度地委屈自己。

毕竟，人生那么短，又那么长，把时间都放在他们所谓的“懂事”上去讨好别人，那该多么无趣呀！

懂事的姑娘不欠任何人的，她可以选择说“不”。而懂事，也只能留给那些懂自己的人。

毕竟终其一生，我们也只想活成我们自己！

亲爱的姑娘，愿你坚强到无须有人宠，却依然幸运到被人宠爱，也希望终有一个人能够看穿你的心事，让你不用再咬着牙逞强，憋着泪倔强。然后摸摸你的头告诉你：“你不需要那么‘懂事儿’，我一直都在！”

成长一直都在继续，所以，别着急，你可以晚点儿再“懂事”！

我们对自己最大的慈悲，是允许自己流泪

-01-

“姐，咱妈不在了！”

阿雅顺着公司的大楼转了一圈又一圈，直到双腿已经没有任何力量再迈出去。

自从接到这个电话，阿雅的内心就掀起了惊涛骇浪，她想找个没人的地方大哭一场，可最终，她还是强压着泪水，没让它流出来。

她想起小时候那个爱哭的自己：心爱的裙子被弄脏了会哭，被小男孩儿戏弄了会哭，甚至考试没考好也会大哭一场……

可是长大后，她就再也没怎么哭过。

毕业后，她一个人来到人生地不熟的北京闯荡，每天踩着10厘米的高跟鞋，化着精致的妆容，穿梭在钢筋水泥筑成的城市丛林中，从晨光微曦打拼到月亮西坠。

生活不容许她有一丝的懈怠。为了更好的生活，她要不停地出差、见客户、跑业务，与上级谈判，和同事周旋……不但要承受高强度的工作压力，有时候，还要忍受别人的冷嘲

热讽。

她一直告诉自己："要坚强啊，怎么能哭呢，怎么可以在人前软弱？"

所以，成年后，她把内心的悲恸自动调到了"静音模式"。

母亲的骤然离世给了她沉重的打击，她想哭，可是却找不到宣泄的出口，只能任自己一圈又一圈茫然地走动。

那天夜里，阿雅缩在房间的角落里，痛苦又无助。可是，她知道自己不能倒下——母亲不在了，家里有更多的事情等着她去解决。

她只能把一杯杯红酒灌进喉咙里，好似只有这样才能麻痹痛苦的神经。

-02-

有人说：以前的你，哭着哭着就笑了；而现在的你，笑着笑着就想哭了。

人到了一定的年纪，能痛快流泪的时刻就越来越少。因为我们明白，长大后，就再也难遇见那个替你擦眼泪的人了。

成年人的世界里，最让人想哭的三个字就是——不要哭！

电视剧《流星花园》里有这样一句话：如果心情不好，控制不住想哭的时候，就来个倒立，让眼泪流回去。

这句话看似轻松，实则心酸。因为它折射出成年人在陷入困境时的常态：不能哭，要撑着。

但在这个充满未知的世界里，一个不经意之间，负面情绪就已经悄悄潜伏下来，而只需要一个契机，它就会被激活。

现实教会了我们要隐忍，可是却唯独忘了告诉我们，当我们感到撑不住的时候，眼泪也可以帮助我们暂时放下内心的疲惫。

我们只是血肉之躯，不是机器，再成熟也不代表我们不会有情绪的波动。

所以如果你感到悲伤、感到烦躁、感到压抑的时候，可以通过大哭把痛苦发泄出来。

其实，哭一点都不丢脸——世上没有哪一件事情是容易的。

成年人的世界，哪有那么多的金刚心？不过就是一次次流过的脆弱眼泪，没有让人看见而已。

很多时候，我们都被要求控制自己的情绪，开心时可以畅怀大笑，悲伤时却不允许哭。

可是仔细想想，我们为什么一定要控制情绪呢？我们只需做到适时地、合理地宣泄，不因自己的情绪妨碍到他人就可以了。

合理的宣泄也包括哭泣。是的，成年人的世界里不只有坚强，还有崩溃，这才是一个成年人应有的状态。

-03-

歌手朴树在复出时，安静地唱了一首《送别》。当时现场的灯光打在他的脸上，观众们才发现，当年那个曾经意气风发的少年，额头上竟然有了皱纹。

当他唱到那句“情千缕，酒一杯，声声离笛催”时，情绪突然失控。

他转过身去，想舒缓一下自己的情绪，却发现早已徒然，所以只能双手紧紧抱住话筒呜咽颤抖，像个无助的孩子一样，让人莫名的心疼。

当年，他在《生如夏花》里曾亲手写下那句美到极致的歌词：

我在这里呀，就在这里呀，惊鸿一样短暂，像夏花一样绚烂。

而那一天，他是在《送别》这首歌里送别往事。

所有看到这一幕的人，都在刹那间懂了。

“出走半生，归来依然是少年”，我们都知道，他并没有妥协，而是拥有了更多的勇气。

很多时候，当你红了眼眶，别人却并不知道你为什么流泪，因为没有人会经历你经历的人生。

世界这么大，我们每个人都只是沧海一粟。我们会为幸福而微笑，当然也为痛苦而哭泣。

借用莎士比亚的一句诗就是——“黑夜无论怎样悠长，白昼总会到来”。

我们流泪，并不代表就是脆弱。相反，那是因为我们懂得——懂得岁月漫长，懂得人生还有更长的路要前行。

每个人都是伴随着哭声来到这个世界的，所以，成年人也好，小孩子也罢，流泪，其实只是我们表达真情实感的方式而已。

哭完之后，我们会擦干眼泪对自己说：“撑过去，明天又是新的一天！”

-04-

生而为人，谁的生活都不容易。

很多人都只关注你飞得高不高，而很少会有人想知道你飞得累不累。

很多时候，我们不想把自己心底的脆弱表现出来，不轻易流泪，或多或少是受到了完美主义的影响。

但世界上本来就没有十全十美的事物，每个人都会有或多或少的瑕疵，太过苛求完美反而显得不真实。

你可以试着做一只刺猬——既有坚硬的外刺，也有柔软的肚皮。硬刺对外，肚皮对内。

无论外面的世界多么残酷，坚强了一天的硬刺，在黑夜降临之后，请允许自己稍做歇息，肚皮向上，软软的，给自己一个温暖的拥抱。

如果实在熬不下去了，那就哭出来吧。从今天起，做一个简单的人，不要再假装坚强，也不要再装作无所谓。

想笑就捧腹大笑，想哭就号啕大哭，做个最本真的自己，如此便好!

就像有句话说的:“亲爱的，外面没有别人，只有你自己。”

我们应该努力做到诚实地面对自己的内心，不再被那些所谓的“标签”定义，因为这样会让我们迷失了最真实的自己。

面对世事纷扰，我们对自己最大的慈悲，就是在难过的时候允许自己大哭一场！纵使生活有千百般滋味，我们依然要笑着面对!

不能将你打倒的，都将使你强大

-01-

乔米毕业的那年，男朋友和她说："我要出国了，也许不会再回来，你不用等我了，我相信你一定会遇到更好的人！"

她没有哭，而是扬起脸，轻轻地点了点头。

四年的恋情，终于还是分别。不是她不想挽留，而是她知道，他既然选择了离开，再多的挽回都于事无补。

那天，她一个人扛着一个箱子，两床被子，还有一大包生活用品，从公交站转到火车站，然后又转地铁，经历了一番波折之后，终于来到了她一直想去的大城市。

一路上，风尘仆仆的她感受到了许多或善意、或探究、或诧异的目光。

一个娇小的女孩拖着这么多行李，配上那张略显颓废的脸，她知道，这样的自己看起来狼狈不堪。

但是，她不想就那样放弃。

新生活开始一个月后的晚上，妈妈打电话告诉她，爸爸有了新的恋情，他们离婚了。

白天，她在宽敞的办公室里，被老板骂得狗血喷头；夜晚，她挤在狭小的出租屋里，咀嚼着心底的苦涩细数天边的群星。

“我的人生难道就这样了吗？”她反问自己。

城市里人潮汹涌，她确定不了明天的走向，但却依然倔强地想要在那里扎根。骨子里的倔强让她无所畏惧、内心澄明。

有人告诉她：“何必那么辛苦，反正结果都差不了多少。”

可是她不信，她知道，自己流过的汗、吃过的苦，都会让她更靠近梦想的方向。

-02-

有人说，成年人的世界里，没有“容易”二字。

我们一路学着坚强，学着忍耐，学着跟一切的不如意做抗争。虽然有时候也曾想过松懈和放弃，但我们更清楚，如果不撑住、不熬住、不挺住，日子只会过得更加艰难。

所以，长大后的我们慢慢学会了不动声色地安慰自己，也学会了悄无声息地和生活握手言和。

有时候，我们选择一个人坚强地面对困难，并不是真的无坚不摧，不过是身后实在无路可退。

每个人都有难过、沮丧的时候，不管别人怎么安慰，最终还是得靠自己跳脱出来。

我们要试着寻找适合自己的减压方式，既不能太安逸，又不能绷得太紧。只有这样，才能在找到生活的平衡点，不至于失控。

很多强大的人，也曾经历过一段咬牙度日、没人支持、少人关心的日子。但只要撑过去了，它就是你的成人礼；撑不过去，它就是你的无底洞。

我们都害怕面对一切的艰难险阻，直到生活给了我们一道道必须要过的坎儿，我们才学会如何在挫折和痛苦中让自己变得坚强。

那些不能将我们打倒的，必会使我们强大。

-03-

很多女性都想成为电视剧《欢乐颂》中的女主角安迪，她从容淡定，经济独立，智商超群，高贵而优雅，冷艳又多金。在我们眼中，她简直就是女神一般的存在。

可是，在她光芒四射的外表下，却藏着一个异常悲惨的童年：原生家庭不幸，被阴影吞噬的童年，罹患精神病的妈妈，残障的弟弟，以及对自己强烈的质疑……种种不幸，差一点儿就毁了她。

她说："我一直一个人，我不懂什么是父爱、母爱，我只知道'被抛弃'的滋味，我怀疑自己有病，不想连累任何人。"

但是，她最终凭借着智慧和毅力，从一无所有的孤儿逆袭成为真正的"白富美"。

没有任何人可以依靠，也从不指望靠婚姻去改变命运，她用一股近乎狂野的力量，让自己活得熠熠生辉。

我们都想活成安迪一样的女子，但是殊不知，她是从千疮百孔的荒芜中一步步挣扎出来的。

她用经济和精神的独立，战胜了原生家庭的不幸，最终把自己活成一道靓丽的风景。

这样的经历，不是一天两天就能造就的，这需要困境时的绝不放弃，需要平凡时的努力坚持。只有这样，一个女子才能活出独立、傲然的姿态。

知乎上有人提了这样一个问题：什么叫作内心强大？

有一个高赞回答是这样讲的：能够和那些坏的东西和平相处，却不同流合污。坚持为美好的东西而努力，却不为失败或得不到而焦虑。

真正强大的人，都是在涅槃中获得重生的。

那些能够在困境中战胜自己的人，都将成为生活里的英雄。

-04-

电影《沙漠之花》里有句台词是这样说的：

我们受了这些苦，一定是为了什么值得的东西。

十八岁时，你说每次模拟考试的成绩都不理想，可是后来还是咬着牙坚持了下来，到最后才发现，原来发挥最好的那一场考试便是高考。

二十几岁时，你以为最爱的那个人就那样离开了，再也遇不到如此契合的人，只能把眼泪逼进心里，去做更好的自己。最后却发现，原来最好的爱情真的会不期而至。

三十岁时，你因为工作压力想要再换份工作，但是想了想，还是咬咬牙挺了过来。然后发现，原来真的是每一份坚持都会得到上司的赏识。

四十岁以后，尽管别人说人生已过半，可你还是想再拼搏一把，毕竟那些最苦最难的日子，你都默默地熬过来了。

每个人的生命中，都有很多不能承受之重，或是经历了多次高考失败的挫折，或是正遭遇身边最亲近之人的背叛，又或是遭遇亲人离世的打击……

但是我们要明白，所有人生中这些黑暗时刻的到来，都是为了迎接更多的光明，而不是为了彻底将你打败。

其实那些让你真正成长起来的时刻，都是那段苦不堪言却没有放弃的岁月。

不管生活如何对待我们，你都要记得，你就是自己生命的主角，你有能力让自己的世界变得色彩纷呈。

即使赤裸着双足，也要昂扬恣意地奔跑。

微风吹来，每一个温暖的、向上的灵魂，都自由且有力量！

Chapter 2

我们都不完美，永远都讨好不了所有人

我们不怪生活，生活也不要苛责我们

-01-

米娜三十岁生日那天给自己买了个蛋糕，她没有告诉其他人那天是她的生日，只是把自己关在出租屋里，悄悄地对自己说了声："亲爱的，生日快乐！"

两年之前，每到她生日那天，男朋友阿涛都会帮她庆祝，可是现在他们已经很久不联系了。

自从妈妈得了重病，她工资卡里的钱一天天减少开始，阿涛也渐渐地没那么热情了。米娜知道为什么，他们曾经一起商量着买婚房的，连地段都已经选好了。可是，妈妈这一病，她就只能把房子的事儿往后推了。

阿涛比她大五岁，家里早就催着结婚，本来还想着他们一定能在一起，没想到后来她弟弟又出了事儿，撞伤了人，要赔不少钱。从那时起，阿涛就慢慢淡出了米娜的生活。

米娜不想去怪他，谁不想活得轻松一点儿呢？

就这样，在阿涛离开的两年里，她白天工作，夜晚学习，想要赚更多的钱。

可生活似乎并不想那么轻易就放过她，公司里年轻的姑娘们都在背后称她“工作狂”“僵尸脸”“变脸王”，还时不时针对和排挤她，她过得一点儿都不轻松。

米娜从来没有怨过谁，她只是想好好地走自己的路，过自己的小日子，可这么简单的要求，似乎也很难实现。

她要经常回去看望母亲，还得叮嘱弟弟万事要留心，自己有时候连口热乎的饭都吃不上。可她的生活似乎还是一团糟，简直不给她喘息的机会，她只能逼自己不断向前，一刻都不能停……

-02-

我们的生活中总是有太多太多不可预知的苦难，亲人生病，同事刁难、爱人反目……

很多时候，我们都需要独自一个人去面对，没有人陪伴，即使再累也只能一个人扛着，默默前行。

世界就像是一个巨大的旋涡，不幸的事情每发生一次，我们就会被往里拽一点，直到再次睁开眼睛，才发现周围只剩下漆黑一片，自己无法挣脱。

小时候的我们总以为生活就像舞台上的幕布，黑色的背景上晃着“十年后”几个大字，当大幕再次打开时，就会迎来圆满的大结局。

然而，长大后，那些一个人失声痛哭的日子，让我们明白了一个道理——该面对的始终都无法逃脱。

时间告诉我们，生活对每个人都不曾温柔过。而且它的不温柔还总是推陈出新，你无从选择，更加无从逃避，只能默默接受。

但是，我们不怪生活，更加不能苛责自己。

我们不需要用自己的不完美去对抗世界，用有限的生命去对抗无尽的烦恼，因为那根本没有必要。

人生不过是一场带着行李的旅行，我们只能不断向前走。在行走的过程中，要想使旅途轻松而快乐，就要懂得抛弃一些沉重的包袱。

所以，适当的放弃，适时的转弯，不苛责、不强求，反而让我们更容易得到想要的结果。

-03-

人生不如意之事十常八九，我们不必事事苛责自己。

这个世界上，人无完人，你要分清楚什么是自己能够支配的，什么是自己不能支配的。

对于自己无法支配的，要顺其自然。而对于自己能够支配的，必须全力以赴。

相声演员岳云鹏曾讲过自己的一段经历：

少年时他家境贫寒，因为实在交不起学费，他14岁便辍学来北京打工。他刷过厕所，做过电焊工，当过保安，也做过餐馆服务员。而那次当服务员的经历，改变了他的一生。

那时他才15岁，因算错了两瓶啤酒的价格，被一位客人当众辱骂了三个小时。最终，他替客人掏了饭钱，然后被老板开除。

岳云鹏在回忆多年前的这段经历时，仍然泪流满面。他说："我还是恨他，到现在我也恨他。我知道我应该感谢他，没有他我不会改行。但一想起他当时那么骂我、训我，我还是不能释怀。"

他记恨，他未曾释怀，但即便如此，他也并没有因此而苛责自己。

他没有选择去报复，而是选择了更适合自己的方向，走上了更大的舞台，让自己的生命更闪亮。

有时候，有些人在你的心上捅了一刀，拔出来时，还会顺带拐几个弯儿，这种痛苦实在让人刻骨铭心、难以释怀。但每个人都注定要经受委屈，想要比别人更出众，你就得咽下比常人更多的苦。

面对痛苦和委屈，除了释怀，还可以对自己温柔一点。一个人常常心怀希望，才更容易看到曙光。

-04-

人生哪来那么多的幸运，只不过是别人没有看见我们经受的痛苦而已。

不管生活如何对待我们，幸运和不幸运都应该由我们自己来决定。即使历尽艰辛，我们仍然可以通过自己的努力改变命运。

我们都不是完美的人，我们应该接受不完美的自己。在孤独的时候给自己安慰，在寂寞的时候给自己温暖，在痛苦的时候给自己拥抱。

这一路走来，最不容易的就是你自己！病了得撑着，累了得扛着，难了得顶着，苦了得藏着，烦了得憋着，痛了得忍着，哭了得躲着，输了得挺着！

生容易，活容易，生活真的不容易；你不易，我不易，其实谁都不容易。

可我还是很喜欢亦舒的那句话：

一念心净，处处莲花开。花开花落，顺其自然。得失从缘，随遇而安。

在漫长的岁月里，我们每个人都会遭遇各种各样的不如意，但是，请不要苛责自己，因为“不困于事，方能无困于心”。

或许在人生的上半场，你的生活一直在做加法，但在人生的下半场，请学着用减法让自己更自在。

愿你在无常的岁月中，不忘初心，悠然前行！

做清醒的人，不活在他人的期待里

-01-

那天有位粉丝给我留言，她说："小姿姐，是不是长大就意味着要和自己喜欢的东西说再见，成为别人喜欢的样子？"

她告诉我，她从小一直是个敢吵敢闹的孩子，从来不肯委屈自己，直到那年，母亲和父亲分开，妈妈拉着她的手哭着说："小静，妈只剩下你了，你要争气，我们不能让别人嘲笑！"

从那天起，妈妈给她报了很多补习班，让她学习她不喜欢的钢琴，每天穿十分淑女的裙子，还要学习礼仪和说话方式……只为了让她变成自己期待的样子。

说实话，她非常难受，因为她一点也不喜欢被人安排，可是每次她想拒绝的时候，都特别害怕伤了妈妈的心，最后只能违心地接受。

读高三的时候，她想选择中文专业，在书的世界里徜徉，做个有见识有内涵的文艺女青年。可是，填志愿时，她妈妈竟然要她选择医护专业，并和老师提前打好了招呼，连商量都没和她商量一下。

那是她第一次想要逃离，离开家去寻找她喜欢的世界。

她想在排球场上和小姐妹们肆意挥洒汗水，她想在运动跑道上快乐地奔跑，她想做个自由的诗人……

可是，这一切都离她那么远，自从她接受了妈妈的安排后，她就变得越来越不像自己。她开始成为别人眼中的榜样，别人羡慕的对象，却唯独不是自己喜欢的样子。

她问我，活着的意义是什么——如果此生只能这样活下去，那又有什么意思？

-02-

每个人在自己还不够强大的时候，都会有一段试图迎合他人的时光——获得认同与赞许，让自己活得有价值。

但当我们慢慢成长后就会发现，迎合他人的期待不过是为了让人相信自己活得很好。

你也可以选择鼓足勇气，果断地去拒绝——拒绝不属于你的东西，虽然这可能很难。

但只要过了那一段时光，你就会觉得很轻松。因为一旦你给别人划出了边界，他们就会学会尊重你，按照你的意愿来对待你，而不再仅仅是希望你活成他们期待的样子。

一个真正人格独立的人，首先要学会的就是勇敢做自己。只有学会与自己相处，拒绝那些自己不想要的，才能成为独一无二的自己。

选择做自己，即便会不合群，即便会有怀疑的目光，也请不要介意。

你要成为独特的自己，而不是伪装成一个完美的别人。你要做你想要做的事情，勇敢地向世界索取你想要的东西，而不是懦弱去地迎合别人的期待。

乔布斯说："你的时间有限，所以不要为别人而活，不要被教条所限，不要活在别人的观念里，不要让别人的意见左右自己内心的声音。最重要的是，勇敢地去追随自己的心灵和直觉。只有自己的心灵和直觉才知道你最真实的想法，其他的一切都是次要的。"

多倾听自己内心的声音，多关注自己内心的感受，做一个真正对自己人生负责的人——有棱角、有脾气、有情绪、有自己的底色——那才是真正的你。

-03-

演员杨紫曾在《星空演讲》里坦诚地回顾了自己一路成长的经历。

她说，有段时间她一直在思考活着的意义，变得很没有自信，很自卑。因为在别人眼里，她就应该是那个乖乖的小雪，什么也不用大人操心，也从来不会叛逆！

她努力向别人心目中的小雪靠近，在大家期盼的那条线上长大，最后却发现，自己不但没有成长，反而步履沉重！

于是，后来她开始勇敢地做自己，想笑就笑，想怼就怼，终于找回了属于自己的自信。当然，她也最终凭着《欢乐颂》里的邱莹莹这个角色，让我们看到那个长大后不一样的杨紫。

我们每个人都是独一无二的，不要觉得自己很卑微、很渺小、很平凡。相反，我们都很伟大，因为世界上再没有第二个你！

每个人的生命只有一次，别人期待中的你无论多懂事、多完美，只要不是能令你内心欢喜的样子，都跟你无关——所有真实的生活都只与自己有关。

人生的旅途中，你是自己唯一的舵手。不要在别人的指挥下驾驶你的“生命之车”，能决定你何时启动、倒车、转弯、加速的，从来都应该是你自己。

-04-

有时候，我们总是为了别人的期待而活着，却没想到最后辜负了自己的期待。

但是，你自己的人生，只有你自己最清楚。不要思虑太多、比较太多，只要遵从自己的内心活着，就能收获最简单的幸福。

终其一生，我们最大的骄傲就应该是活成理想中的自己，而不是别人期待中的那个人。

在小说《无声告白》里，有一句著名的题记：

我们终此一生，就是要摆脱他人的期待，找到真正的自己。

我希望，不管什么时候，你都能坚定地对自己说：“我没有很多的期待给你，只有更多的宽容和理解，你要笑着去寻找真正的自己！”

不要带着别人的期待入梦，更不要带着对自己的不满醒来。愿你能够倾尽所有去改变生活，而不是被生活改变成自己不喜欢的样子。

活通透了，你会发现一切都是最好的安排

01

阿莎接到母亲打过来的电话时，她正在那个生活了快十年的家里收拾东西。

三天前，平时看起来温顺和善的老公向她提出了离婚，甚至没有给她一个像样的理由。

而她，为了争取女儿的抚养权，自动放弃了财产，只是不希望和孩子分开。

母亲说，父亲患了重病，需要去外地的医院，想让她陪同。

阿莎蜷缩在房子的角落里，任悲伤在心底蔓延。回想自己这三十几年的人生路，似乎就没有平坦的时候。

十岁那年，因为一场突如其来的车祸，导致她右耳失聪，脸留下一条永久的疤痕。

十八岁恋爱，本以为对方是真心爱自己，到最后才知道，自己只是他的一块跳板而已。

二十六岁，由于缺失的听力和脸部的疤痕，她只能嫁给毫无感觉的相亲对象。

三十岁，本该升职加薪的时候，被同事算计，被老板开除，只能再从行业底层一步步往上爬。

……

而如今，丈夫要跟她离婚，她净身出户，独自带着孩子，这时候父亲又重病……种种遭遇像一座座大山压在她的身上。

阿涉把头埋进双膝，对未来没有任何信心，她不知道前面的路还有什么磨难，也不知道该怎么面对，只觉得人生无限悲凉。

“我是不是本来就是多余的存在？不然，上天为什么要这样惩罚我？”

这个念头不断地在她脑海里盘旋，挥之不去。

-02-

生活中有很多时刻似乎都充满了无奈。

有时候，你拼尽全力，也未必会迎来想要的美好生活。

那些曾经刻骨铭心的恋情，或许会草草结局，或许会如飞蛾扑火般灰飞烟灭。

那些曾经让我们骄傲、自豪的过往，也许会在下一刻便不复存在。

于是，你失望、沮丧、困惑、挣扎，甚至感到绝望，对生活产生深深的抗拒与质疑。

最终，你可能会筋疲力尽，在困境中踟蹰不前。

可是，真的就走不下去了吗？

当你凝视窗外，却意外地发现：昨天还在蹒跚学步的孩子，今天正尝试着小跑；

那棵苍老的似乎已经没有任何生命力的老树，也渐渐抽绿了枝条；

刚刚还蹲在地上大哭的年轻人，此刻在伙伴的抚慰下破涕为笑……

任何事情都可能会有转机，不是在下一刻，就是在某个时机。

人生就是这样，也许上一秒你还在为失去而悲痛，而下一个转弯时，你就会有新的收获。

你今天受的苦，吃的亏，担的责，扛的罪，忍的痛，到最后都会变成光，照亮你的路。

有这样一首诗我很喜欢：

山有峰顶，海有彼岸。

漫漫长途，终有回转。

余味苦涩，终有回甘。

挨过那些生命中无比黑暗的时刻，转机总会在不经意间悄然到来。

你若心思通透，一切皆是最好的安排！

-03-

2005年，演员胡歌凭借《仙剑奇侠传》中的李逍遥一角横空出世，成为粉丝无数的新一代“国民男神”。

但仅仅只过了一年，他就遭遇了严重的车祸，全身一共缝了120针，惨烈程度令人无法想象。

他那张英俊的脸遭受了毁容一般的灾难，而他的好朋友也在那场车祸中不幸罹难。

那段日子到底有多么难熬，胡歌从来都没有渲染过。

他在鬼门关走了一遭，捡回来一条命，也留下了满身满心的疤痕。

他在自传里写道：

车祸创伤了我的容貌，也冲击了我的内心。

每次当我战战兢兢拿起镜子的时候，我都渴望能在镜子里寻找到勇气和力量。

镜子的语言简洁而充满智慧，除了我自己，没有人能够让我真正重新站立。

身体恢复期间，不再有演出，他就安静地读书、写字，宛如一个乐观的拾荒者，将支离破碎的幸福一片片拾起。

那些字字见心的独白，让我们看到他的蜕变：既然容颜无法修复，那就用思想去填满它！

2015年，《琅琊榜》中的梅长苏一角让胡歌再一次爆红。

戏中，梅长苏说："既然我活了下来，就不能白白活着！"

这仿佛就是胡歌的真实写照，他用自己的行动告诉我们：不要去逃避苦难，而是要坦然接受过去，接受命运留下的伤痕。

而在那些岁月馈赠的伤痕里，他用睿智的眼神和沉稳的演技，让自己重新变得光芒万丈！

命运总是在不经意间跟我们开玩笑，甚至会在很多看起来非常重要的时刻给我们设置重重障碍。

因为人生之旅本就该风雨兼程，成功与失败并存，苦难与希冀同在。

生活中的艰辛会让人遍体鳞伤，但它又何尝不是一种磨炼？当你在逆境中醒悟之时，才会将生命淬炼得更加通透！

-04-

在《一切都是最好的安排》这本书里，辉姑娘这样写道：

上天不会无缘无故做出莫名其妙的决定，它让你放弃和等待，是为了给你最好的。

所有的欺骗、侮辱和伤害，只是这个世界温柔补偿的序曲。

那些星星点点的微芒，终会成为燃烧生命的熊熊之光。

后来，我听说阿莎的父亲在她的悉心照料下痊愈了，而她也因为在医院陪伴的那几个月里结识了一位出色的医生，再次觅得人生良伴。

阿莎的女儿考上了重点中学，因为家庭的原因，她比别的孩子更努力、更坚韧，也深受老师和同学的喜爱。

如今，阿莎谈起往事时，会面带微笑地说："也许，这一切就是最好的安排！"

每个人的人生都有喜有忧，有得有失，不管你如何尽力，都很难完美。

但我们还是要相信：所有的支离破碎，都是为了来之不易的圆满。而你历经的那些苦难和悲欢，都将是最好的安排！

正如著名作家罗曼·罗兰的那句名言：

世界上只有一种真正的英雄主义，那就是看清了生活的真相，还依然热爱生活！

亲爱的，愿你历尽悲欢，仍旧心向明月！

愿你向着阳光，自由生长

-01-

阴天的午后，我打开邮箱，看到你的邮件静静的出现在那里——就如你字里行间流露出的怡然气质一般，没有丝毫的突兀。

你说你四岁被父母遗弃，是过路的老奶奶收留了你，并给你起了名字——安兰。

奶奶没有家人，她靠拾废品为生，所以从那天起，那个漆黑的天桥下搭起的小小棚户，就成了你暂时的落脚地。

虽然你们经常风餐露宿，但奶奶还是给了你很多爱，让你小小的内心倍感温暖。

八岁那年，奶奶因为一场意外离开了。从此，你又成了孤儿，在政府的救济下进了孤儿院，也进了校园，念上了书。

你喜欢园长妈妈温暖的笑，你喜欢课本里海浪拂过沙滩的图片，你喜欢邻座的男孩儿偷偷给你塞鸡蛋的温暖，你喜欢……

十六岁，你离开了孤儿院，成了一家咖啡厅的服务生。你经常在透明的落地窗前看这个城市的车水马龙，也经常站在天桥上看日出日落。

你把工资的一半寄给了孤儿院的园长妈妈，平时也经常去那里帮忙，希望每个孩子都能像当年的你一样，感受到爱的存在。

你说你喜欢笑，因为它能融化你内心的黑暗。

可是为什么每次他一出现，你就那么想逃？

他干净、简单、真诚，总是把喜欢的东西分你一半，脸上也总带着淡淡的笑，可是你却总觉得那么不真实。

你害怕自己配不上他的好，也害怕自己卑微的出身令他望而却步，更害怕到头来这一切只是梦一场，最终还是会醒来。

你说你期待着，却也惶恐着，不知该如何是好。

-02-

亲爱的姑娘，我喜欢这样的你——虽然身世飘零，但周身都带着像阳光一样的温暖。

你没有抱怨遗弃你的父母，也没有批判世界的不公，只是默默地昂起倔强的笑脸，不声不响的，朝着有阳光的方向起航。

只是，这么善良的你，为什么要轻易否定自己呢？

我们每个人从童年一路走来，几乎都带着或深或浅的伤痕。你有你不被理解的苦闷，我也有我难以言表的遗憾。

但这些，其实都不重要。

随着时光的流逝，我们会逐渐成长，看各种各样的书，遇见形形色色的人。你把所有的过往和故事都融入了善良，才铸就了现在的你，蓬勃向上的你。

渐渐的，我们会遇见自己喜欢的人，也会被许多人所喜欢。

在这样的交往中，有时我们会怀疑自己不够好，觉得配不上优秀的对方。而有时候，也会为喜欢自己的人而感动，这其实再正常不过。

那些欣赏你的人会一如既往地欣赏你。你的出身，你的过往经历，对于爱你的人来说都没有关系，他们依然会像从前那样爱着你。

姑娘，你没有做错什么，也不必为难自己去做一个所谓完美的存在。因为就算你用尽全力，也无法让所有人都喜欢你！

你只需要做自己，这样的你才是独一无二的。你需要的爱情，也应该是简单的、纯粹的，没有任何杂质的，这样的爱，才能配得上美好的你。

-03-

每个人的成长都会经历或多或少的磨难，我们无法选择出身，但是我们可以去选择自己想要的生活。

美国脱口秀女王奥普拉·温弗瑞也曾经有过一段惨不忍睹

的童年：

六岁前，她和外婆一起生活，因为太穷，只能穿土豆麻袋改成的裙子；

六岁以后，回到母亲身边，但疏于管教，她酗酒、吸毒、浪迹街头；

十四岁时意外怀孕，孩子不久便夭折。

她相貌平平，总是自惭形秽，而且周围的白人对她充满歧视。

但是，即便如此又怎样？她还是凭借自己的努力和坚持，逆袭成为真正的传媒业女王！

奥普拉曾这样讲过：

你的出生在哪里并不重要，因为我见过走出沙漠，穿越沙漠，出生在最可怕环境中的人。

重要的是现在，以及你愿意抓住此时此刻。

接受这一时刻，忘记过去的痛苦，大胆地迈步向前。

人生的成功，不在于拿到一副好牌，而在于努力打好一副烂牌！

生命本就是一个不断探索的过程，想要目睹沿途的风光，就享受不了原地打转的安逸；

想要品尝爱情的甜美，便不能一直停在自己风平浪静的小窝里。

与其惴惴不安地空想，不如踏着自己的节拍往前走，用温暖的力量让自己发光。

-04-

亲爱的姑娘，其实你很棒！

你那么善良，为何不开心地做自己？很多事情本就没有什么对与错，只不过是选择不同而已。

不要轻易去怀疑自己，也不要去质疑自己的想法。

如果你清楚地知道自己想要什么，并且可以确定以后不会后悔此时的决定。那么，就勇敢向前吧。你喜欢他，他也喜欢你，在一起就好，何必纠结？自己的事情就应该把握在自己手里，快乐还是悲伤，自由还是屈服，都由你来做选择！

人生的轨迹如何并不重要，重要的是在当下的每一分每一秒里，你是否在做着你想做的事，是否在慢慢成为你真正想成为的那种人？

别总是盯着自己的缺点看，也别总是想着自己值不值得，思虑太多即是负累。

量力而行，听从内心的声音，才最从容。

电影《卡萨布兰卡》中有一句很经典的台词：

你现在的气质里，藏着你走过的路，读过的书和爱过的人。

每一段故事皆有安排，每一次经历都是必然，一切都无法重新再来，所以也无须频频回头。

忘记昨日的苦和痛，愿你带着固有的温暖，继续朝着阳光明亮的地方，恣意生长！

你应该被呵护、被珍惜、被认真、被深爱、被捧在手掌心上。

浊酒一杯，愿有人陪你立黄昏；余生几何，愿你被生活温柔以待！

Chapter 3

放弃，不是你输了，而是你懂了

你还年轻，可以成为任何想成为的人

-01-

小霜今年23岁，她是一家西餐厅的服务员，每天看着餐厅里来来往往的人群，总觉得人生充满无限可能。

她羡慕那些衣着鲜艳的年轻白领，羡慕他们每天都能带着自信的笑容，安然坐在那里喝下午茶，聊天中还不时地带出几句流利的英语，处处都彰显着从容。

和他们相比，小霜感到自惭形秽。她来自苏北的农村，没多少文化，就连普通话也不是十分标准，自然不敢奢望人生会有更大的转机。

每当她看着那些都市女孩儿靓丽的容颜时，内心总是羡慕不已，她甚至怨恨过自己的出身，恨自己没有改变命运的能力和机会。

和小霜一起的那些女孩子下班后，每天除了逛街就是追剧，而她则更喜欢泡在商场三楼的书店看书，思绪也随着书中主人公跌宕起伏的命运而浮想联翩。

有时候，她特别希望有个人能把她从现实的不如意中拉出来，让她变得更有力量。

但现实往往是残酷的，她在宿舍看书的时候，舍友们经常会带着点儿讥讽笑她："你这是还想着考大学呢？"

每每这时，她都只能笑笑，不去理会。她没想过要考大学，但是也不想一辈子过着这种一眼能望到头的生活。

-02-

我特别能理解小霜的心情，因为我认识很多像她这样的小镇姑娘。她们善良、体贴，但是对自己的未来充满无尽的迷茫，也从不敢相信幸运会属于她们。

但即使这样又如何，她们中还是有人能冲破层层障碍，克服大大小小的困难，成为自己人生的赢家。

在这个生活节奏如此之快的时代，很多人在工作之余都想要及时行乐，从来不想明天的规划和方向。而想要努力的你，或许会和他们有些许的不同。

就像亦舒所说的：一个人的时间用在什么地方，是看得见的。

有的人在上下班的路上、午休的时候、等人等电梯的间隙都在学习，虽然碎片化的学习时间很少，但是累积起来却也很惊人。

这就是为什么每个人都是一天24小时，有的人能将自己的生活过成诗，而有的人却只能浑浑噩噩度日。

我们不去探究“及时享乐”与“沉默前行”哪个更有价值，但我们能够确定的是——我们可以以什么样的速度前行。

你可以问问自己：“你是否想拥有得更多？是否还有未来得及完成的梦想？”

如果你的答案是肯定的，那么不如用实际行动去捍卫它。

你是谁？

一颗种子？一粒尘埃？但或许，你也是世间万物！

要改变，就趁现在改变；

要创造，就趁现在创造！

改变，是一件没有早晚的事，只要你有强烈的意愿，什么时候开始都不会太晚！

-03-

周冬雨因为在电影《山楂树之恋》中饰演静秋一角而一举成名，也正因为这部电影，她在人们的心里树立了一个善良、淳朴的形象。

但是娱乐圈对她好像并不太友好，大家都说她不尊重前辈，耍大牌，没礼貌、情商低……

可是渐渐地，我们却发现，这个单眼皮的小女生性格很可爱，耿直、慢热。

她说："我妈妈从小就教育我像个'女汉子'一样去生活，让我变得很能忍，很能承受。"

所以，她学着让自己坚强，努力用作品说话。

这个眼睛小小、身材单薄的姑娘，凭着一脸的无所畏惧和爆炸式的演技，最终通过电影《七月与安生》证明了自己，在二十五岁那年获得了第53届台湾电影金马奖最佳女主角。

我们不难发现，很多年少有为的年轻人，最大的特点不是多优秀，而是能够把自身的亮点发扬光大。

别人说我眼睛小、皮肤黑、个子矮，那又怎样？

我虽然没有太多的才华，但我很容易满足，读一本书就能让自己充实一天。每次一点点小小的进步，都能让我开心一整天。

虽然喝不起最贵的咖啡，买不起名牌包包，但我也能在小众品牌里找到自己的最爱，把自己打扮成令人舒心的女孩儿。

总有些人能披荆斩棘、出人头地，成为我们的偶像，也是他们给予了我们力量，让我们明白：即使不完美，也能够拥有灿烂的人生。

姑娘，你才二十几岁，可以去读书，也可以去旅行，可以拥有大把梦想……你可以尽可能地去尝试各种不同，让自己拥有有趣的灵魂。

因为你还年轻，还来得及成为任何你想成为的人。

-04-

刘同在《谁的青春不迷茫》中写道：

你觉得孤独就对了，那是让你认识自己的机会；

你觉得不被理解就对了，那是让你认清朋友的机会；

你觉得黑暗就对了，那是让你发现光芒的机会；

你觉得无助就对了，那样你才能知道谁是你的贵人；

你觉得迷茫就对了，谁的青春不迷茫？

真正的成长，应该是有足够的勇气去挑战那些你不喜欢的，克服那些不甘心，突破那些未曾涉足的。因为只有这样，才能让自己更有底气去追逐真正喜欢的东西。

成长的路上，总免不了被质疑、被否定，但我希望你不要因此放弃最初的梦想。那些你不肯妥协的时刻，那些心甘情愿地去追逐的光芒，终会让你更有底气地去负担自己的那些喜欢。

任何人的世界里，都没有“容易”二字，你会有不开心，也会有很多无奈，但你早晚会明白，那些冰冷的现实背后，有我们更想去争取的美好未来。

长大，本身就是一段涅槃重生的过程。

如果走投无路，不妨试试后退一步

-01-

辛珂和老公是高中就开始恋爱的，后来结束了七年的爱情长跑，走进了婚姻。

刚结婚的那些年，两人感情很好，羡煞旁人。那时，辛珂刚升任销售部主管，她老公的生意也是顺风顺水。

也可能是太如意了，上天就会故意刁难你一下。结婚四年，辛珂一直没有怀孕。

老公带她去了很多家权威医院，吃遍了中西名药，甚至尝遍了所有搜集来的偏方，结果却还是让他们一次又一次的失望。

面对这样的结果，老公一开始还能感同身受，后来却渐渐冷漠。到最后直接连家都不回，扔了一纸离婚协议书给她。

十几年的感情，说断就断。

本以为这样已经够凄惨了，没想到，在一次常规体检中，辛珂被查出患乳腺癌早期。

一次又一次的打击，使她像个逃兵一样，丢盔弃甲，慌不择路。

人生最绝望的事情，莫过于你认为还有转机，而上天却给你判了死刑。

辛珂把自己的银行卡递给父母，哭着跟他们说，这辈子可能无法尽孝了。

在反反复复的检查中，吃着大大小小的药丸，看着医院中来来往往的人群。突然有那么一刻，辛珂的脑海里闪过一道光：这个世界上，除了生死，其他的都是小事！

也就是在那个瞬间，她觉得自己顿悟了：只要活着，总有转机。

-02-

生活是一段扑朔迷离的旅程，既有巍巍高山也会有茫茫荒漠，从来都没有人能清楚地知道——自己的前方究竟会是什么？

一路向前，你有可能途经悬崖峭壁，也可能面临渺渺烟波。但是，很多时候，层峦叠嶂的山川间有栈道可以走，而惊涛骇浪的水面也会有船可渡。

所谓的绝境，通常不是生活给予的，而是人在内心里给自己设定的。

我们常常会觉得生活给了我们太多的痛苦——你撑不起来，也逃不出去，好像只剩下了走投无路。

可是，你有没有想过，在走投无路时，还可以退一小步呢？

很多人在面对人生最黑暗、最糟糕的时光时，就算曾经书写过经典，创造过辉煌，也无法理智地对待自己。

但这个世间，总会有人挺到了阳光之下，让自己活成传奇——他们并不是聪明绝顶，而很可能只是懂得适时地后退一步。

伊坂幸太郎在《华丽人生》中这样说：

只是你自以为走投无路而已。人都是这个样子，就像在沙漠里用一条白线围出一个区域，大家都害怕白线以外的沙漠，一步都不敢跨出去。明明周围都是沙漠可以来去自如的，却主观地以为只要踏出白线就会死掉。

任何时候，我们不能因为走得太远，就忘记了自己是为什么而出发；也不能因为站得太高，就忘记了路始终就在我们脚下。

-03-

著名作家史铁生曾经说过这么一段话：

我四肢健全时，常抱怨周围的环境如何糟糕。

突然瘫痪后，坐在轮椅上，怀念当初可以行走奔跑的日子，才知那时多么阳光灿烂。

几年之后坐也坐不踏实了，长了褥疮，怀念起两年前安稳地坐在轮椅上的时光，风清日朗。

后来得了尿毒症，觉得褥疮也还算好。

又过了一些年，要透析，清醒的时间很少，才知道尿毒症初期也没那么糟糕。

他曾经三次自杀，但最终灵魂深处那个不屈、乐观的他，还是对自己说：

死是一件无须着急去做的事，是一件无论怎样耽搁也不会错过的事，是一个此生必然会降临的节日。

不再对自己苦苦相逼，他反而活过来了。

人生此后的二十年，他用文字拯救自我，靠思想自由飞翔，坐在轮椅上写出了二十部短篇小说，六部中篇小说，两部长篇小说，十八部随笔散文和两部电影剧本。

他用残废之躯，活出了远较常人充实的人生，也为身陷黑暗和困顿中的人们点亮了希望的明灯。

他短暂而坚强的一生，诠释了这样饱含热泪的诗行：

勇敢者从不刻意制造死亡，

而是允许活着的每一天，

都绽放出无畏的光芒。

亲爱的你，如果走投无路，不妨后退一步。

想想你曾经的一无所有，还有拼命向上的勇气。你会发现，其实让你跌倒的，让你绝望的，从来都不是别人，而是你自己。

那么，何不敞开心扉，放自己一马？

退后一步，也是为了更好地前行！

-04-

人生并不是只能向前的单行线，也没有人必须按照一条道路一直前行。

有时候退一步不是为了逃避，也不是为敷衍自己，而是为了看清处境，而后更好地向前。

当辛珂悟到“世界上除了生死，都是小事儿”以后，她就不再那么愤世嫉俗，而是让自己沉下心来，去思考人生，去寻找自己没有体验过的风景。

她明白了，以前自己太想要个孩子，却忽略了自己本该拥有的幸福。

她知道，自己为了恨，渐渐忘却了爱的存在。

所有的缘起，终是自己的放不下在作怪。

她终于明白：放弃，并不意味着她输了，而是她懂了。

于是，她积极地配合治疗，用空余的时间游览河山盛景，让自己沉浸在重生的希望中。

两年后，她的癌细胞得以控制。再后来，辛珂遇到真正爱她的人，还生了一个健康的孩子。

生活有时候就是这样——行至水穷路自横，坐看云起天亦高。

根本就不会有真正的“走投无路”，退一步，也许你就会发现，其实距离出口也就只有那么一点点而已。

每个人的人生都好像是一块香料，只有放在“不认输”的火上炙烤，才能使香气更加浓郁、美妙。

黑暗中，你要成为自己的光。

这个世界上，每天都有人在经历着各种各样的磨难。但只要你不放弃希望，纵使夜路漫漫，艰难紧随，你也能浴火重生，熠熠生辉。

亲爱的，美好如你，坚定如你，即使退后一步，你还是会拥有自己想要的人生！

所谓山穷水尽，可能是另一种柳暗花明

-01-

王楠真的不明白，那么大的公司怎么说垮就垮了。一年前，自己还是公司总经理，而现在，除了一身债务，她什么也没剩下。

她和老公白手起家，从山东农村出来打工，先是摆过早点摊儿，然后开过深夜排档，还进过工厂。最后，两人凭着吃苦耐劳开了一家小小的贸易公司。

那时候，正赶上经济形势好，再加上人又肯干，用了十几年的时间，夫妻俩已经将小小的贸易公司发展成了一家拥有数千员工的大型企业。

老公成了董事长，而她是总经理兼财务总监，一切都顺风顺水，就连儿子也很聪明懂事。

谁也没料到，一场经济危机让他们遭遇了巨大的困难，她和老公几番奔走，都没人肯施以援手。

王楠原本打算开源节流，缩小规模，减少人员，大不了再多吃几年苦。可就在这节骨眼儿上，她老公竟然卷款跑了。

面对一堆债务，还有那么多等着发工资的工人，无奈之下，王楠低价变卖了工厂，结掉了员工的工资，最后连房子都没有留下。

那天晚上，她站在公司大楼的顶层，突然就有种想跳下去的冲动。老公跑了，银行的贷款到期了，追债的人天天对她围追堵截，就连儿子的学校都被他们包围了。

这种糟心的日子让她一点儿都看不到希望，只剩下绝望，她不知道活着还有什么意思。

“妈，这里风好大，我们回家……回去吧？”

儿子略显焦急的声音出现在她的身后，她回过头，看着儿子那张带着疲倦的脸，眼泪夺眶而出。

-02-

有时候，黑暗总会在你毫无准备之时当头笼罩下来，让你措手不及，甚至根本不知道该如何反抗。

我们这一生的轨迹，总会有高低起伏，也会有曲折回环。在生活的这条道路上跋涉，本就不会那么容易，困难、挫折、绝境本就会时时闪现。

我们会徘徊、会沮丧、会怨恨，甚至放弃希望，不想再做无谓的挣扎，这些都是可以理解的。

但是，你就真的愿意放弃，不想再向前或者向左、向右一步吗？

有这么一个小故事：

老和尚问小和尚："如果你前进一步是死，后退一步则亡，你该怎么办？"

小和尚毫不犹豫地回答："我往旁边去。"

是啊，天无绝人之路，漫漫人生路，谁都有可能遭遇无比糟糕的境况，但是，别怕！很多时候，所谓的山穷水尽，恰恰是另外一种柳暗花明。

余光中在《记忆像铁轨一样长》里说道："说是人生无常，却也是人生之常。"

生活有时候就是这样，或喜或忧都是人生常态。世事难料，本以为一切都会按预想的轨迹运行，却意外发生偏转。

世事无常，未来什么事情都有可能发生，但无论发生什么，只要信念不灭，终将会有解决的办法。

所以，凡事不要预支烦恼，否则既是伤害自我，又是庸人自扰。

"祸兮，福之所倚；福兮，祸之所伏。"好事坏事，是喜还是忧？这谁也说不清楚，因为凡事都有可能峰回路转。

所以，即使生活有再多的不如意，也要学会自我温暖和慰藉，给自己多一点欣赏和鼓励。

-03-

2002年，临安的一个女孩许益琳因为一场车祸摔下了十余米的溪谷，从此半身瘫痪。

在巨大的变故中，她努力配合治疗，却依然是药石罔效。一时间，她被命运狠狠地踩在了脚下。

可是，面对年迈的父母，她收起了眼泪。她要努力活下去，去寻找生命中更有意义的事情。

2005年，许益琳看到了阿里巴巴淘宝网的颁奖晚会，因此深受启发。她家里本就做山核桃生意，有坚果炒货食品厂，好学的许益琳立刻着手注册了淘宝店。

经过一个月的努力，她的淘宝店已经初具规模，之后她继续摸索，使用当时还不太普及的快递寄送货物。她的淘宝店也陆陆续续迎来了一些客户，生意越做越好，也越做越大。

虽然赚到了钱，但是身为残疾人，一天在电脑前工作12小时对于许益琳来说也是非常大的考验：夏天容易生褥疮，冬天腿更像是从冰窟里捞出来一样，膝盖、小腿、脚后跟全部都冻伤了。

但即便比不上正常人，许益琳还是从来没有放弃过。

凭着坚强和毅力，她成为全村第一个做电商的年轻女孩，由她经营的淘宝店铺也成了“双皇冠店铺”，被评为“临安十大杰出青年”。她还与马云合过影，还曾受到国家领导人的接见。

生活中我们总是会遇到许许多多的坎坷和挫折，它们挥舞着拳头，重重地砸在你身上，一次又一次，直到你如被击败的拳击手一样，瘫倒在地，在裁判的读秒声和身边围观者越来越模糊的起哄声中失去意识。

但是，无论如何，你要告诉自己："人生没有过不去的坎儿，即使被打倒，也还是有爬起的那天。那些与众不同的人生经历，其实也是最宝贵的财富，那是上天对你的恩赐！"

-04-

既然活着，就总会遇到闯不过的难关，你可以抱怨、可以哭泣，可是要知道，不管你怎么悲伤，明天的太阳还是会照常升起。

世上的每个人其实都是一样的，你有你的烦恼，他也有他的感伤，并没有谁会一直顺风顺水。

如果实在累了，那就去路边吃一碗热气腾腾的牛肉面，听听汽车的鸣笛声，闻一闻路边的野菊，看看或幽默或感人的电影……也许，你就会发现不一样的人生。

生命是一场无止境的马拉松，要想跑到尽头，你就必须不断用力，即使摔倒，也要咬牙爬起。

而这场生命马拉松的可爱之处，大概就是它会一边不断给我们施压，一边又不断地激发我们的潜能，看看在这场马拉松里，到底谁才是真正的赢家。

有时候，所谓的山穷水尽，也不过是一种错觉而已，如果你肯换一种思路，坚强地去寻找出路，就一定能够柳暗花明。

我很喜欢韩剧《我是金三顺》中的几句话：

去爱吧，就像从没受过伤一样！去跳舞吧，就像不曾有人欣赏一样！去唱歌吧，就像没有人聆听一样！去生活吧，就像今天是世界末日一样！

人生苦短，不要太纠结于当下的不顺遂，多去展望明天，去看看更大的世界，去为这仅有一次的生命尽情地活，畅快地过！

因为，一切都会过去，黑夜再长，也总会迎来黎明！

你成熟坦然的样子，也很好看

-01-

“你看看她，才三十几岁，就把自己弄得跟个大妈似的，也不知道保养保养。”

“就是，就是，要是我那个样子，宁愿死，我都不出来丢人现眼！”

“你们小声点儿，别让她听见了……”

公司里的几个女孩子，挤在茶水间里，叽叽喳喳地议论着她的模样。

林楠的眼睛依然盯着电脑屏幕，但心里却早已翻江倒海。

两年前，她也和别的女孩子一样，无忧无虑的，却被父亲的一场病打乱了所有的节奏。

那天，父亲在锻炼身体时突然晕倒，经过抢救，虽然保住了性命，却下半身瘫痪，再也站不起来了。

这个结果不仅父亲自己难以接受，连她都不敢相信——原本高大爽朗的父亲，从此只能在床上和轮椅上生活，而且常年需要人照顾。

母亲本就弱小，根本负担不起父亲的体重，而爸爸又拒绝任何陌生人的接近，家人请来的保姆全都被他骂走了。

无奈，林楠只能搬回家住，帮着母亲照顾父亲，除了身体上的劳累，更多的是精神上的压力。

也就是在这样的情况下，她竟然意外流产了，而她自己其实也压根儿没留意到这个孩子的到来。

一时间，自责、悔恨和怨愤统统都涌上心头，她甚至开始在照料父亲的过程中对他说狠话，甚至诅咒他。

直到老公发现她的异常，把她接回家，开导她，告诉她这一切都不是她的错，他会陪着她，直到所有的情况都好转起来。

最终，她在老公的帮助下战胜了心魔，而父亲也慢慢好了起来。

-02-

生活中，我们总是会遇到这样的人，他们从来都不知道别人经历过什么，却总是喜欢对别人指手画脚。

他们会嫌弃别人的着装没有品位，会议论别人不懂得怎么保养，也会处处显示出高人一等的优越感。

可是，不管别人说了什么，说了多少遍，最终只有我们自己才懂自己。

我们略显衰老的容颜，可能是为了亲人的康复而连夜辗转的操劳；

我们稍微过时的服饰，可能是为了让家人能有更好的生活条件而节省；

我们走形的身材，也可能是因为刚刚和焦虑、挫折进行过生死抗争。

亲爱的，别人说什么，真的不重要，重要的是你能够坦然面对自己真实的内心。

就好像余秋雨说的那样——成熟是一种不再需要对别人察言观色的从容，一种终于停止向周围申诉求告的大气，一种不理会周围人哄闹的微笑。

苦难的岁月会让我们变得成熟，让我们学会迁就，让我们忽略别人的指指点点。

有人说："成熟就是面对无理取闹，也能从容沉着；面对突发事件，也能宠辱不惊。"

深以为然。

当我们经历过种种不幸，生活会将我们磨砺得越发的坚毅勇敢，曾经的年轻气盛会渐渐褪去，我们会不再斤斤计较，而是慢慢习惯宽容。

时间给予我们的，除了沧桑的容颜外，还有豁达的心胸和睿智的头脑。

我们会开始懂得让步，懂得审时度势，也会渐渐学会接受、学会原谅，学着用善意和妥协与这个世界温柔相处。

-03-

去年，被观众期待已久的《如懿传》开播，周迅在剧中的演技其实很棒，但却还是因为形象的问题，引来一片骂声。

网友在网上纷纷评论她：“四十多岁还强演什么少女”“以老装嫩”“缺乏少女感”，等等。

面对各种质疑声，周迅也曾痛苦不堪。她在一档访谈节目中回忆说，因为没有办法面对衰老，她从早上起来就坐在沙发上哭。

就连被誉为“永远的少女”的周迅，也一样惧怕变老，渴望青春常驻，但时间却由不得人去自由选择。

但好在，她已经能够坦然面对年华老去，不再纠结于年龄，索性把自己交给岁月去安排，只管自在地活着。

她去看海，看日出，去春游，在阳光下微笑，在春花里烂漫……

她在微博里写道：我有一件重要的衣服，叫自我。

这个开始试着去接受岁月的雕琢，把余生交给自我的女人，反而因为坦然而活得愈加灵动。

随后，电影《你好，之华》上映，周迅在里面饰演一位四十多岁的母亲。

剧中袁之华再见初恋时的坦然，对待孩子时的体贴，安抚父母时的和顺，都如同一抹和煦的春光，让人舒服而安定。

如果说二十多岁的周迅让我们明白了什么是灵动和纯粹，四十多岁的周迅则让我们看到了从容和大气。

前者，是与生俱来的好基因；而后者，则是漫漫时光的馈赠。

岁月能改变我们的年龄，改变我们的容颜，但却无法改变我们的心性。当我们落落大方地应对各种世事纷杂时，我们的姿态依旧可以骄傲而美丽。

-04-

三毛曾在《随想》一书中这样写道：

我们三十岁的时候，悲伤二十岁已经不再回来。

我们五十岁的年纪，怀念三十岁的生日又多么美好。

当我们九十九岁的时候，想到这一生的岁月如此安然度过，可能快乐得如同一个没被抓到的贼一般嘿嘿偷笑。

时光之所以很美，就在于它的必然流逝。

我们应该庆幸，人生的每一个阶段，我们都会淬炼出不同的美，然后坦然地与时光和解。

就如那些优秀的人从来都不会去哀叹时光的飞逝一样，他们只会坦然地跟随岁月的脚步，把每一分每一秒都活成自己喜欢的样子。

真正的美，从来都与年龄无关，与容颜无关！

正如杜拉斯在《情人》中所言：

你年轻时很美丽，不过跟那时相比，我更喜欢现在你历经沧桑的容颜。

迈入了中年又怎样？

眼角有了细纹又怎样？

历经了岁月的磨砺，我们没有了戾气与哀怨，步履和神态中都增了一分洒脱与内敛。

此时此刻的你，真的比谁都美！

别不相信，你成熟坦然的样子，就是当下最美的风景！

Chapter 4

有些事不值得原谅，跟大不大度没关系

对于不原谅这件事，你真的不必感到抱歉

-01-

在一次同学会上，阿琳遇见了大学时的密友芳芳，芳芳一脸歉意地说："琳，对不起！这是我一直想对你说的话，希望你能原谅我。"

阿琳只是淡淡地点了点头，再没有多余的话，然后把头扭向了一边，全程再没看芳芳一眼。

第二天，同学群里就炸开了。

芳芳在群里煽动气氛，说阿琳如何如何小气，以前的事儿都过去那么久了，而且她已经放下脸面道歉了，阿琳却还不肯原谅她。

有不少人在微信里劝说阿琳：

"以前的事儿，大家都年轻，就不必太较真儿了！"

"你应该大度点儿，别人都道歉了，该原谅就原谅吧！"

"原谅别人就是放过自己，何必太计较！"

对于满屏的劝解和留言，阿琳只回了一句话，就默默地退出了同学群。

她说："你的道歉我收到了，但我就是不原谅你！"

别人只知道，她大学时的男朋友和芳芳在一起了，却不知道她曾经为那段爱情和友情付出过多少心血。

她为了和男朋友考上同一所大学，高三那年放弃了所有的业余活动，几乎整整一年都没有睡过整觉。

她曾非常珍惜和芳芳的友谊，为此放弃过全年级奖学金的评选——因为在奖学金和友情之间，她宁愿选择好友芳芳。而且，她最后也没有告诉芳芳实情。

她是这样掏心掏肺地对待自己的爱人和朋友，结果却被他们双双背叛。

那之后的所有大学时光，对她来说统统都是黑暗。没有人知道她是怎样度过那段时光的，她终日以泪洗面，也没有人知道她在操场的跑道上流下过多少汗水……

时过境迁，芳芳却想要求得她的原谅，凭什么？

-02-

生活中总会有那么一些人，他们根本就不知道你经历过什么，就轻描淡写地说："做人嘛，大度点儿。"

还有人会说："我都道歉了，你凭什么不原谅我？"

但是，一句道歉是无法将我们的委屈、心痛一一抹去的。

这个世界上有很多事情，可能小得就如同一块小石子扔进湖里一样，可就是那些在别人看来似乎微不足道的一段小插曲，就有可能会影响我们一生的轨迹。

很多时候，有些伤害是毁灭性的，甚至是不可逆转的。我们不肯原谅，自有我们的道理。

世事如人饮水，冷暖自知。而对于是否选择原谅这件事情，没有任何人可以指责你，而你也根本不必感到抱歉。

有时候，懂得原谅可能是善良、大度，但是不原谅也不一定就代表着不善良，不一定就是小心眼儿。

很多人都喜欢不问前因后果，就站在道德的制高点上去指责别人，以自己所谓的大度去要挟别人，以善恶去混淆是非。

但是，对于我们来说，要不要选择原谅，只与你自己有关，别人不懂你的苦，也根本没有资格劝你大度。

以德报怨，何以报直？所以，原不原谅，只能由你说了算！

-03-

有一位姑娘因为家庭贫困，出生后不久便被亲生父母送人了。她陪着刚相认的姐姐去参加《中国梦想秀》节目时，为了节目效果，姐姐背着她和节目组，将亲生父母请到了节目现场，要求女孩现场认亲。

没想到，在节目现场，这个女孩很干脆地拒绝了。因为在过去的二十多年里，亲生父母就和她生活在同一个镇上，却从来没有去看过她。在她最需要亲情的时候，都是她的养父母在陪伴她。

女孩的拒绝，却遭到众人的指责，主持人说她“心胸狭隘”，让她应该学会换位思考，多想想当年父母的难处，应该学会原谅，否则不可能幸福。

女孩一脸尴尬地站在舞台上。

事后，她说：“我有原则，不愿意就是不愿意。”

我很想问主持人：你没有经历过女孩从出生就被抛弃的痛，也不知道她成长的路上都经历过什么，你凭什么要让她去原谅？

有句话说得好：刀子没有插在自己身上，你永远不知道会有多痛！

很多时候，我们所做的事情，跟大不大度其实根本没有半点关系。

拒绝原谅，并不代表我们无情，而恰恰是因为我们更懂得要对什么样的人有情！

有些东西就像坚硬的倒刺，插在肉里，长在心上，如果强行拔出来，就是对自己的二次伤害。

所以，忘记不了，那就铭记；无法释怀，那就不必释怀。

-04-

成年人的世界里，不是所有的“对不起”，都会换来“没关系”。

美剧《马男波杰克》里有一段情节让我印象深刻：

赫布和波杰克是好朋友，即使在波杰克最难的时候，他也在陪着波杰克。

但是当赫布因为被爆出黑料而处于事业低谷时，波杰克却选择了保持沉默，拒绝提供帮助。

后来，得知赫布身患癌症，波杰克去看望他，并向他道歉：“赫布，我说了对不起。”

“我知道，我说我不原谅你。”

赫布说：“你可以向我道歉，但我也可以选择不原谅。如果你的道歉只是为了你自己好过，而不是真心诚意地觉得你错了，那么我也不会原谅你。因为从来没有人这么规定过，道歉就一定会得到宽恕。”

没错，不是所有的错误都应该被原谅，我们每个人都拥有选择不原谅的权利。

但是，不原谅并不代表我们会耿耿于怀——过去的那些伤害早已在岁月的长河里结痂，而我们也终将会忽略掉那些“肇事者”的存在。

亦舒曾说过：

最佳的报复不是仇恨，而是打心底发出的冷淡，干吗花力气去恨一个不相干的人。

我不原谅你，但我会忘记你，因为这能让我有更多时间和更多的精力，去记得别人的好，然后成为更好的自己！

我没有原谅你，但是放过了自己！

这，便是最好的结局。

保持界限感，是最体面的交往方式

-01-

浅浅和小美念的是同一所大学，毕业后又进了同一家公司上班。虽然上学时她们也只是点头问好的关系，但成为同事后，两人的感情不自觉地就拉近了。

于是，她们在公司附近的小区里合租了一套房子。浅浅比小美大几个月，所以小美就总是“姐、姐”地喊她，而浅浅也乐于接受。

浅浅喜欢干净，所以收拾房间的事情，很自然地就被她承包了。

可是，两个月后，浅浅就想从那间屋子里搬出去了。

浅浅知道小美的性格大大咧咧的，所以有些小事她都忍了，偶尔也会提醒她，但是小美每次都是当面答应，转头就忘了。

不仅如此，小美还喜欢乱用浅浅的东西，卫生间的沐浴液、BB霜，她衣柜里的衣服、鞋子，甚至包包、围巾，都会被小美想当然地拿去使用。

浅浅已经明确表示过，她不喜欢别人乱动她的私人用品，但小美还是笑嘻嘻地说：“姐，咱俩谁跟谁呀，你的就是我的，我的就是你的。”

这些虽然让人生气，却还不至于让浅浅狠下心和小美翻脸。

但是，那天浅浅下班后，由于急事返回了公司一趟，回来后，却看见小美抱着她的笔记本电脑，坐在她床上刷剧。

“谁让你动我电脑的，我花了好几天做的图还没保存，弄丢了你赔得起吗？”

浅浅气得大吼。

“至于嘛，那张图我已经替你保存了，不会丢的，你那么大声干吗？”小美也不甘示弱。

于是，那天她们俩大吵了一架，浅浅当下就有了搬出去的念头。

-02-

我们的生活中经常会遇到这样的人，他们就是因为“太不把自己当外人”，常常以熟识为借口，忽视了人和人之间应该保持的界限感。

“我们关系这么好，穿你件儿衣服怎么了？”

“不就是几十块钱的事吗？至于这么小气吗？”

“你的就是我的，我的就是你的。”

“咱俩谁跟谁呀！”

这些话听起来似乎很亲密，但其实不管朋友也好，恋人也罢，与别人的相处中，保持界限感真的非常重要。

所谓高情商，其实也就是能够在交往中恰到好处地掌握和别人之间的界限，任何时候都懂得要和别人保持一定的距离，搞清楚自己的定位。

三毛说："朋友再亲密，分寸不可差失，自以为熟，结果反生隔离。"

那些真正好的关系，都是自带界限感的。

"距离产生美"这句老话说得一点儿都没错。彼此尊重，彼此珍惜，保持距离，这才是最体面的交往方式。

虽然说"熟不拘礼"是一种随性，但懂得熟而不越界、不逾矩，才是一个人真正的修养和智慧。

它不单单是为人处世必须遵循的原则，更是衡量一段关系能否走得长久的前提。

所谓"将心比心，方得真心"，说的也正是这个道理。

不去考虑你的感受，不顾你多次的劝阻，一直在你的生活中为所欲为的人，远离他或她，无疑是最正确的选择。

-03-

《庄子》中言："君子之交淡如水。"

是的，朋友之间，恋人之间，亲人之间，并非无话不谈就是真正的亲密，真正好的关系，都懂得保持适当的界限。

我尊重你的不同，你也明白我需要空间。就如两只刺猬想要在一起，就必须拥有刚刚好的距离，既能陪伴对方，又不会刺伤对方。

离得太远，感受不到对方的温度，而靠得太近，又会刺伤彼此，所以只有距离刚好才恰到好处。

在《欢乐颂2》中，最受欢迎的当属安迪，因为她不但冷静理智，而且待人处事都有自己的界限：对朋友交心，但把握分寸，绝不越界。

剧中，对于应勤和邱莹莹之间的事情，关雎尔作为好友，一心想去帮劝。但安迪一语点明真相，她说："两个成年人，我们作为朋友，尊重他们的价值观。遇到不同意见，我们提醒，但不插手，但我们必然会在他们困难的时候提供适当援助，只能如此。"

你困难的时候，我会在你身边陪伴你、鼓励你，而你好的时候，我也会在一旁默默祝福。

这应该是友情中最好的状态。

任何一段关系中，保持自己的一席之地，既独立，又亲密，才是长久之道。

正如周国平曾在《守望的距离》中所言：

两性交往，不论是恋爱、结婚，还是某种亲密的友谊，都以保持适当距离为好。

那些能够真正长久的友谊，都懂得适当保持距离，以及拥有彼此之间恰到好处的界限感。

-04-

的确，不管你在哪里，做什么工作，遇见什么样的人，都会和别人之间产生或多或少的联系，发生各种各样的关系，而这些关系如果想要呈现出良好局面，并且长久保持下去，其实都离不开良好的界限感。

你有你的生活方式，我也有我的生存理念，我们可以互相建议，但绝不粗暴干涉，更不会去窥探别人的隐私，进入别人已经设防的区域，这才是和别人交往时最恰当、最容易被接受的方法。

亲近地保持距离，才是最恰当的交际方式。

我们每个人都是一个独立而完整的个体。尊重并接受彼此间的界限感，不仅仅是对他人的一种理解和包容，更是对自己的关心和爱。

人与人之间，相处要掌握分寸，不过于紧迫地进入别人的生活中，也不强人所难，把自己的喜好强加于别人身上。如此，可以避免很多不必要的矛盾，在以后的相处中，才会越发舒服而自在。

我们要明白，即使再亲密的关系，也要保持一定的距离。

既能守住自己的一方天地，也不随意去侵犯他人的边界，这才是一个人最基本的情商和素养，也是我们在和他人相处时最体面的交往方式。

别再计较谁对谁错，相忘于江湖就好

-01-

前些天，江洋接到了前女友的电话，他有些诧异，因为分手一年多来，她从来没有联系过自己。

她说：“我和他分手了，如今我才明白还是你最好，会不会有点儿晚了？”

彼时，江洋刚刚从失恋的痛苦中走出来，他们在一起的那三年，一直是他忘不掉的心结。

“我知道让你原谅可能有点儿难，没关系……”

挂掉电话，江洋想起他和前女友表白的那天他说过的话，他说：“我会一直爱你，直到时间的尽头！”

可是如今她想要回头，自己要不要接受？

后来，他得知前女友是因为罹患抑郁症而被抛弃的，于是不顾好友的反对，再次回到她身边，想用爱挽救她。

可是，他们在一起的时候，她总是提起那个“他”，说他如何狠心，如何绝情，让她独自承受磨难。

江洋想劝她忘记，可是每每看到女孩儿凄美的笑，他就觉得除了陪伴，其实他什么也做不了，因为忘掉一个人没那么容易。

慢慢地，江洋明白了，她不是想回头，她是想用自己向那个“他”证明，证明分手后她一样会有人疼、有人爱。

原来，他们之间三年的恋情，终究抵不上那个人的提前离开，她并不是还想回到自己身边，她只是因为不甘心被抛弃。

江洋最终选择了离开，因为他不想要任何的暧昧。

“原来你们男人都一样，说过的天长地久都只是一句戏言，都抵不过时间！”

即使前女友这样评价他，江洋也不想去反驳了，如果注定不能相濡以沫，那就相忘于江湖吧。

-02-

年少的我们总是以为只要有一颗赤子之心，一颗不管世界如何变迁都不忘初衷的心，就可以拥有最纯粹的爱情。

可是，当经历了一次又一次波折，一次次被时间和命运轮番戏弄之后，我们才渐渐地开始明白：感情的世界里，并不是只有甜言和蜜语、浪漫与温馨，那些童话里的故事都是虚幻的，更多的故事到最后还是会分道扬镳收场。

爱情最迷人的地方，就是你的一颦一笑总能牵动着另一个人的心，就是愿意为了爱人付出所有。

可是，就算是再爱一个人，也不能毫无底线地被一次次欺骗。

如果一切都是自作多情，那么放弃才是最正确的选择。

一辈子，谁又没有一两个糟心的故事呢？生活总是起起落落，没有谁会因为离开谁而活不下去。

离开了对方，日子还是照样一天天地过，就算回忆时心里像是被人砸了那样疼，也好过彼此折磨。

在时间的长河里，在成长的路上，我们总会放下那些曾经的执念，淡忘曾经的悸动。

我们总要去学着成为成熟的“大人”，在遇到所有的事情时，慢慢地学着不动声色，用平淡或理性的声音去诉说曾经的刻骨铭心。

那些错过的或者不对的人，相忘于江湖就好。

-03-

我们曾天真地以为：“所爱隔山海，山海不可平；海有舟可渡，山有路可行；为爱翻山海，山海皆可平。”

最后才明白：“山海皆可平，难平是人心！”

电影《前任3》中，王梓对孟云说，觉得自己捡了一个大便宜，是林佳把他变得那么好的。

孟云却说，如果能重来，他会像对王梓一样对林佳。

男生大都记得自己的初恋，这多半是因为她是自己在年少时曾认真对待的人，但最后却总是会阴差阳错地失去了她。

前任，到底是哪一任?

其实前任就是你认真爱过，但最后却没在一起的那一任。

有些爱会得到成全，但有些爱就是用来相互考验的，有时候，相忘于江湖并不会输给相濡以沫。

蔡康永说过：

恋爱最珍贵的纪念物，是你留在我身上的，如同河川留给地形的，那些你对我造成的改变。

那些错过的人、曾经的遗憾，教会我们的，不是如何去体面地告别，而是告诉我们要学会珍惜眼前人。

人这一辈子很长，我们会碰到很多人，发生很多故事，有的人可能会一直在你身边，陪你走完整个人生，但有的人注定只是短暂邂逅。

但不管怎样，都是因为这些人的到来，才塑造了现在的你。那些未曾察觉到的成长和爱，只是藏进了岁月里。

直到遇见对的他/她，你能深情地说一句：“晚点遇见你，余生全是你！”

-04-

人生本就是山一程水一程的旅行，不管你遇见谁，都会有高潮和低谷。那么，我们为何不掬一捧光阴，握一份懂得，穿越这一场又一场的生命迷雾？

每一场经历都是生活的积累，每一次坎坷都是生命的历练。

放下烦恼与忧愁，带上最美的微笑出发，脚下的路在，前方的希望在，回眸处，爱与温暖其实也一直都在。

有时候，遇见一个人，爱上一个人，并不一定非要执着于一个结果。

那些曾经在一起的过往和经历过的点点滴滴，回想起来也算是一种幸福。

就像歌词里唱的：

谁都渴望天长地久，

谁都想要一生拥有，

爱情路上风风雨雨，

没人预计将来以后，

缘分已尽，莫要强求。

那些孤独徜徉的流年里，没有永恒的快乐，也不会有永远的伤痛。

累的时候，请记得停下来歇歇，难过的时候，可以蹲下来抱抱自己。寒冷的日子里请多给自己些温暖，孤独的时候记得为自己寻一片晴空。

我们每个人都是红尘过客，缘来时你在我心里，缘尽时就让往事随风。

那些能够失去的，也没必要再去计较谁对谁错，倒不如“一别两宽，各生欢喜”！

相忘于江湖，其实也是种不错的结局。

不必把太多人请进你的生命里

-01-

林涛花了半个月做的那个方案被毙了，他心里虽然有些难过，但还是决定从头再来，因为他相信自己总会拿出更好的。

可是，隔天的晨会上，总经理宣布通过的那个新方案竟然和他的方案如出一辙，只不过在数据方面做了一些改动，而那个新方案的拥有者是他的好友兼合作者马洪。

马洪比林涛早进公司几个月，但是林涛却把他当师长一样看待，因为他对林涛十分关照，也总是有意无意地帮林涛一些小忙。

别人都说“职场无朋友”，可是林涛却觉得自己非常幸运，因为他遇到了马洪。

短短一年的时间，林涛已经成为公司策划部十分重要的人才，这也和马洪的帮助和大力推荐分不开。

私下里，他们两个“单身狗”也经常一块喝酒、泡吧、打游戏，甚至去郊区飙车。总之，他们不管是兴趣还是脾气，都非常合得来。

他和马洪一起研究过那个方案的一些数据，也跟他说过自己的想法，但却从没想过马洪会剽窃自己的创意。

会议结束之后，他听到同事们私下议论，说马洪很可能要升任策划部总监的职位，毕竟这次接下的是个大单，而且合作方也特别认同这次的方案。

林涛很希望马洪能给他一个合理的解释，但是他却始终没有得到想要的答案，马洪甚至没和他有任何交流，好像事情的结果就应该是这样的。

半个月后，马洪如愿坐上了策划部总监的位置，而林涛则选择了调离总部，去别的片区开发市场。

-02-

《阿狸·永远站》里有这样一句话：

人这一生，会遇到8263563人，会打招呼的是39778人，会和3619人熟悉，会和275人亲近，但最终，都会失散在人海。

缘聚缘散，人来人往，大抵如此！

生命就像行驶的列车，途中会经过很多的中转站，有的人走近了你，融入了你的生命；而有的人就算与你擦肩而过，或者曾陪你走过一段难忘的征程，但最终却都消失在人海里，从此再不相逢。

世界瞬息万变，人潮川流不息。

我们早应该明白：

时间能带走的，都算不上真正的朋友，而岁月能留住的，才是拥有。

生活在这个物欲横流的世界，最难懂的就是人心。可能你和他曾经是最要好的兄弟，一起吃过饭，住在上下铺，甚至一起打过架……原以为再没什么能把你们分开，但却在利益冲突时才发现——天下熙熙，皆为利来；天下攘攘，皆为利往。

那些你曾在乎的兄弟情，在一夜之间面目全非，可是即使你想追问，却发现根本无从问起。

是他错了吗？

但也许他会说他正承担着旁人所不知道的重担，或许是为了家人，或许是为了爱人，又或许是为了所谓的理想。

那是你错了吗？

不该无缘由地相信别人，还是根本就不应该在职场相信友谊？

不过是“道不同，不相为谋”罢了。

人生苦短，何必浪费时间？摸不透的人心，就别再费力揣测；看不透的人，就随他去吧。

我们每个人都有自己的圈子，所好不同，不必强融。

圈子虽小，干净就好；人生苦短，也根本无须把太多的人请进你的生命里！

-03-

作家桐华说：

当你的眼睛，不再黑白分明如婴儿时，你眼前的世界，也就会不再黑白分明。

会有真诚的冷漠，虚伪的善良，褒与贬的模糊，黑与白的交杂。

成年人的世界里，并没有简单的好与坏之分，更多的是利与弊的权衡。

我们这一生，总会遇到许多三观不合的人，根本避无可避。

有些人，即使你并没有做错什么，他也会无事生非，无理取闹；

有些人，即使你做得再好，他也会百般挑剔，泼你冷水；

有些人，即使你推心置腹，他也会在利益面前置你于不义……

世人千万种，人人各不同。无论你是什么样的人，无论你变得有多好，也总会有人与你面和心不和，也总会有人与你格格不入，也总会遇到让你烦躁不安的烂人烂事……

无法选择你遇见的人，但你可以改变你对人对事的态度；

不能改变人心善恶，但你可以坚守自己，不畏人言，不惧风浪。

可以学着主动去屏蔽一些人，看轻一些事，让自己在能够自保的同时，处变不惊，及时止损，慢慢成为强大的自己。

-04-

我非常喜欢这段话：

人生其实就像一条从宽阔的平原走进森林的路。在平原上同伴可以结伴而行，欢乐地前推后挤、相濡以沫。

可一旦进入森林，草丛和荆棘挡路，情形就变了，各人专心走各人的路，寻找各人的方向。

世事大抵如此，有些相逢是命中注定，有些人则会深深烙进心底，但大部分人都会在转瞬间便消失在各自的生命里。

就像街头的红绿灯，虽然在同一个十字路口等待的人很多，但往相同方向的人总是越来越少。

尊重你的人自然知道该怎么待你，而那些不尊重你或者伤害过你的人，就让他到这里吧，不必与其同行。

我们不必怨恨，不必沮丧，学会接纳一切，只在懂你的人群中散步，生命会尽享喜悦！

作家苏岑曾说："不必把太多人请进生命里，若他们走进不了你内心，就只会把你的生命搅扰得拥挤不堪。"

人生有四然：来是偶然，去是必然，尽其当然，顺其自然。

对你好的人，要记得去珍惜，而对你不好的人，也不必太记恨，因为他总会消失在岁月的长河里。

生命就是不断遇见，又不断分别的过程。

我们身边每个阶段都会有不同的人，没有人会陪我们走完全程。

宁可孤独，也不违心，这，就是最好的活法！

Chapter 5

不为无为之事，何遣有生之涯

当个普通人，不丢脸

-01-

张远大学毕业好几年了，刚毕业的时候，他曾设想先入行，再扎根，然后读个在职研究生，三五年内当公司高管。

可如今已年近三十，同龄的发小很多都已经有房、有车、有存款，而他依旧是当初的穷酸样儿，每天在大太阳下晒得泛着油光，骑着自己的电动车，带着客户满城跑。

不仅如此，他还发现自己很少有节假日，虽然总是幻想着休息时去旅个游，但真到有空时，看着干瘪瘪的钱包，就只能劝自己："算了，还是睡个好觉吧"。

喜欢的那个姑娘陪了自己好几年，从来没有和他开口提过钱，他也从来没有送过她像样的礼物。

他总想着再等两年，手头宽裕了两人就结婚，只可惜再也没等到那一天。姑娘说："我过怕了这种看不到希望的日子，我们还是分手吧！"

过年的时候，亲戚们总是问他在哪家公司高就，月入多少，什么时候结婚，结婚会不会在城里买房子……他都只能苦笑着沉默。

是呀，他都快三十了，还是揣着微薄的工资，做着升不了的职位，留不住心爱的姑娘，更别谈留在工作的城市。

他的生活里除了惶恐，根本没有诗，更别提什么远方。

也不知从什么时候起，他再也不谈什么梦想了，因为仅仅是努力生存就已经耗尽了他全部力量，哪里还敢谈梦想？

父母年纪逐渐大了，就等着他结婚生娃，可是他就连结婚都需要勇气，更别提生娃了。

生活，就这样一点点把他逼进现实的尘埃里。

-02-

我们生活在一个充满焦虑的时代，人人都急吼吼地想成功，想赚钱，想证明自己。

打开手机，每天海量的信息扑面而来："90后创业者公司估值过千万""95后出了好几本畅销书""某00后出任公司CEO"……

网站上成千上万的人在问这些问题：

"月入五万是种什么体验？"

"年入百万是种什么体验？"

甚至还有"年入千万是种什么体验？"

然后再回头看看自己——没房、没车、没存款，甚至连工资都还没有月入过万……

好像全世界都已经实现了财务自由，就只剩自己还在贫困线上挣扎，怎么能不着急？怎么能不焦虑呢？

有句很扎心的话叫——最怕你一生碌碌无为，还安慰自己说平凡最可贵。

它鼓励我们每个人都应该努力去追求上进，去追求自己想要的精彩生活，而不要甘于平凡，做个庸碌的普通人。

从小到大，好像所有的故事，所有的书籍都在告诉我们，那些名人的一生是怎样努力，怎样奋斗的，让我们向他们看齐。

却没人告诉我们：也许我们终其一生努力奋斗，也可能只是一个普通人！

可是，生而为人，我们原本就是平凡的，但同时，也是独一无二的。

《月亮与六便士》里有句话我一直记得：我拼尽了全力，过着平凡的一生。

所以，承认并且接受自己只是一个普通人，然后脚踏实地、不骄不躁地去拥抱生活，这其实并不丢人！

-03-

知乎上有过一个这样的高赞问答：意识到自己是个普通人，是一种什么体验？

有个网友在下面回答："其实我们每个人心里跟明镜一样，清楚地明白自己原来就很平凡，只是心中有那股执念和侥幸作祟，想着也许自己可以和别人不一样。接受自己平凡的那一刻，便是把这股执念彻底浇灭，不再妄想，不再希冀，认了命。"

当我们能够接纳自己的普通，不再觉得自己与世人不同，我们便不会再去抱怨环境、抱怨出身，或者妒忌他人。

接受自己是普通人，并不代表我们就会对生活绝望，反而会使我们更加稳重、踏实地回归到真实的生活中去。

正如网友所说的："那一刻，我不再与自己为敌，也不再与世界为敌。我开始以包容的眼光去看待这个世界，开始慢慢接受自己，开始尝试去控制自己的情绪。"

接受自己的平凡，并不是结束，而是另一个新的开始。

当我们能够接受自己的平凡，不再愤世嫉俗，那也是我们步入真正成熟的起点。

其实，这个世界上绝大多数的人，都是普通人，他们过着平平凡凡的生活，做着平平凡凡的事情，直至生命的终结。

但是，就算是再普通，我们只要不断地学习，不放弃任何机会，最终也都可以活出属于自己的精彩。

即使你是一棵无人问津的小草，也终有属于自己的生命轨迹。走好每一步，才是你自己的人生！

-04-

我们大多数人都是普通人，没有太多的钱，也买不起太大的房子，更别提别人口口声声所说的“身家上亿”。

但是，我们也可以用心去做好自己，认真对待工作，全力服务客户，用爱经营起家庭。

当我们只有一辆电动车时，我们不用羡慕别人开着好车，因为遇上堵车，再好的车也快不过电动车；

当我们不能月入过万时，我们也不必气馁，钱多钱少，和自己的消费水平相匹配就好，用心去生活，即使身在陋室也能心怀阳光。

普通人有普通人的快乐，只要用心，你就会发现，其实生活中也存在着许多的小美好。

就像《平凡的世界》中路遥的一段名言：

世界是由我们这些平凡的人撑起来的。

只要我们拥有坚定的信念，拥有坚韧不拔对抗困难的精神，拥有敢于拼搏向上的热血，拥有对“真善美”的追求，我们依然可以创造一个不平凡的世界。

人生本来就有千万种活法，做不成人人羡慕的大赢家，我们也可以过着自给自足、安稳的小日子。

生活的本质，其实就是放下那些曾经追逐过的虚幻的理想，不再执着于逝去的那些无法实现的东西，过好每一天，足矣。

把平凡的生活过好，就是不平凡

-01-

王铎大学毕业后，没有选择去大城市打拼，而是留在了父母所在的城市，工作几年后用存下的钱开了一家电脑专营店。

又过了两年，他和一个朋友介绍的女孩子结了婚，后来生了个调皮的儿子，生活简单得就像一潭湖水，很少有涟漪。

他平时要在店里照看生意，嘱咐工人把售出的电脑送到客户家安装好，下班还要回家带儿子玩，也没有更多的时间出去闹腾。

时间就这样，一晃好几年过去了。

那天，他送儿子去上学，碰到了大学时的同学，两人找了家小店，聊了聊各自的近况。

王铎看着同学神采飞扬地讲述他在全国各地的种种见闻，以及他在布达拉宫前的留影，在丽江穿行的身影，站在鼓浪屿游船上的神情……

王铎突然觉得：自己的生活是不是过得太平凡了？

他没有任何传奇的经历，也没有拿得出手的才艺，更没有傲人的成就。毕业这些年，他一直为生活打拼，上班、下班……从不曾停歇。唯一的愿望就是能让家人过得好点儿，再好点儿。

他的父母是最普通的城镇老人，他的爱人是很普通的城镇姑娘，他的孩子也是很普通的小孩儿，而他开的也是家普通得不能再普通的小店。

难道自己真甘心这样一辈子做个无名小卒，在这样普通的生活里兢兢业业一辈子，直到老去吗？

当脑海中出现这个想法时，王铎自己也被吓了一跳，但他的心确实有些动摇。

-02-

年轻的时候，我们都曾幻想过自己以后的生活，应该充满惊险和刺激，就像那些传奇人物的一样——一生跌宕起伏、波澜壮阔。

可是，随着时间的流逝，我们渐渐发现，自己与理想的生活、理想的自己越来越远。

特别是当有“参照物”出现的时候，我们会发现，和别人的生活相比，自己的生活甚至普通到极点，好像没有任何闪光之处。

不能否认，功利与投机氛围弥漫在社会的各个角落。

然而，追求出色虽然值得我们赞扬，但能把平凡的生活过好同样是一门艺术。平凡并不是懒惰和不上进的借口，平凡的生活也同样需要付出很多的努力。

我们大多数人都不可能成为英雄，很多时候，能找到适合自己的事情，努力制订并实现自己小小的目标，做一个温暖、善良、有梦想的人，踏实而勇敢地活着，已属不易。

敬仰出色，拒绝平庸，这并没有错，但是能够把平凡的生活过好，其实也是不平凡。

就像朴树在《平凡之路》中唱的那样：

我曾经跨过山和大海，

也穿过人山人海。

我曾经拥有着一切，

转眼都飘散如烟。

我曾经失落失望失掉所有方向，

直到看见平凡才是唯一的答案，

《平凡的世界》里，男主人公孙少平说："我是一个平凡的人，但是一个平凡的人，也可以过得不平凡。"

这个世界上并没有绝对的伟大，也没有绝对的平凡。我们大部分人都注定只能是普通大众中的一员，但是，能够在平凡的生活中有滋有味地活着，其实就是一种不平凡。

-03-

电影《无名之辈》里，那一群在命运里挣扎的小人物，像极了我们身边的每一个人。

他们不断折腾，不甘心于现状，虽然普通，但他们对艰难的生活仍有所追求，有人要尊严，有人求原谅。

协警马先勇一辈子都有一个当警察的梦想，他身为协警，却总是干着警察的事，无奈几次转正考试都没通过。

在别人眼中，他只不过是一个平凡的中年大叔，但他却一心想成为一名出色的警察。

但最终，他在一次酒驾中发生事故，妻子不幸丧生，妹妹也全身瘫痪，女儿因此与他决裂。

他为了追求所谓的身份与地位，却忽略了身边人的感受，与家人渐行渐远。

他始终不明白，自己的女儿需要的只是一个普通的、平凡的父亲，能够常常陪伴自己就好了。

在他身负重伤之时，女儿回到了他身边，他终究还是选择了与平凡的自己和解。

我们每个人皆为无名之辈，却又时常不甘于无名，总想要折腾出一些事情，来证明自己的存在感。

事与愿违，常常是你越是想挣脱平凡的枷锁，就越是容易陷入迷茫和无助中。

我们误解了平凡的内涵，以为平凡就代表着平庸，所以我们不肯妥协。

周国平曾说过：“人世间的一切不平凡，最后都要回归平凡，都要用平凡生活来衡量其价值。伟大、精彩、成功都不算什么，只有把平凡生活真正过好，人生才是圆满。”

再轰轰烈烈的生活，最终都要归于平淡，因为平淡才是人生的常态。

而那些能够把平淡的生活过得妙趣横生的人，才是最不平凡的人。

-04-

高晓松对于“人到中年”最大的醒悟就是——接受平凡、享受平凡。

他说：

原来觉得在平凡生活中过着不过瘾，一定要激荡。

现在是从平凡的生活里发现幸福，和老婆孩子一起就是平凡的幸福，不是非得流浪、去远方。

你羡慕别人能自由地去追寻诗和远方，说不定别人也正羡慕你陪在父母、妻儿身边的安稳与坦然。

其实，那些漂泊太久的人们最终还是会感悟到，无论生命中有多少波澜壮阔，我们最迷恋的，始终还是包裹在烟火人世中平凡、琐碎的温暖与感动。

能够在平凡中懂得生命的真谛，接受自己的平凡，然后坚持自己所热爱的，不用世俗的功名利禄绑架自己，以欢喜之心过生活，才更容易感受幸福的点滴。

这个世界浩瀚如星空，我们每个人都像是这天空中的星星，在自己的轨道上各司其职，闪耀着各自的光辉。

在平凡的日子里，收获的爱和感动、亲情和希望，这就是我们最不平凡的人生！

不将就生活，不辜负自我

-01-

阿辉大学毕业后选择了去上海打工。最开始，他和朋友一起租住在离市中心较远的杨浦，因为那里房租便宜，生活成本也相对较低。

可是几个月后，他便想在离公司近的地方租个房，哪怕是最小的单人间，也不想再每天和别人挤地铁上下班。

朋友劝他说："你上班的地方房租那么贵，你工资怎么够？还不如在附近找个工作，虽然赚得少点儿，但是花得也少呀。"

阿辉只是笑笑说："我更想在白领聚集的地方工作，好努力去赚更多的钱。"

他每个月拿出一大半的薪水付房租，却可以省出两三个小时的时间用来学习，精力也更加充沛。

朋友觉得，反正房子是租的，能省就省点儿，当然是越便宜越好。所以，他搬了几次家，工作也是在住的附近找，虽然消费低，但是整体来说没有市区的晋升空间大。

可阿辉不愿意将就，他觉得虽然没存下多少钱，但是他还是想留在市区，然后努力工作，让自己的生活品质更高点儿。

后来，他听说那个朋友跟别人说："阿辉就这点不好，不知道自己几斤几两，心比天高，还想拼命挤进富人区，恐怕到最后也是好梦一场，弄不好过得还不如我们！"

他只能苦笑一下，在自己既定的目标中继续奋斗。因为他知道，如果他今天将就了，那以后就不敢再对生活有更多的奢求，随之而来的可能是更多的将就再将就，最终标准就会越来越低。

-02-

生活中，我们经常会听到这样的话：

工作不好，没关系，反正清闲就好；

工资不高，没关系，省着点儿花就好；

住得不好，没关系，习惯了就好……

这种想法乍一看似乎无所欲求，但其实是对自己的苛刻，认为自己不值得拥有更好的，只能在"低配"中将就。

可是，有时候人生并不是你退一步就一定可以海阔天空的。

你一味降低自己的要求，到最后会发现：你很可能根本得不到命运的厚爱，反而会被命运抛弃在角落里，落满尘埃。

人生，其实也是一场激流勇进的旅行，不过是有的人"穷游”，有的人“富游”罢了。

但如果你踮起脚尖就能够到更多的东西，那么我们为什么不更努力一些，而去选择将就呢？

这个世界虽然不够公平，但也绝不会辜负任何一个人的努力。

如果你在最该奋斗的年纪选择安逸，在最该有野心的时候选择将就，那么你往后的生活将会是一路妥协。

而那些从一开始就不愿意将就的人，总是会想方设法得到自己想要的东西，过上自己想过的人生。

别人怎么说无所谓，那些羡慕嫉妒恨也总会在你一步步走向更好的时候一点点消散。

自己的人生，自己做主，选择自己想要的，去努力去奋斗，不将就生活，才能不辜负自我！

-03-

张韶涵曾经在《吐槽大会》上说过这样一段话：“无论是事业还是家庭，我都经历过很多风风雨雨。我不感激伤害过我的人，他们只是提醒了我——不要成为那样的人。我宁愿逆流而上，也不愿随波逐流，善良是一种选择。”

她经历过背叛，经历过伤害，也忍受过太多的挫折和坎坷，但在这之后，她仍旧愿意选择逆流而上，愿意相信美好，愿意去追求自己想要的一切。

我们每个人的一生都不可能是一帆风顺的，谁不曾经历喜怒哀乐，尝遍酸甜苦辣？

我们无法选择即将面对的是什么，但是却可以选择该如何去度过自己的人生。

或许，有些事你努力了很久，却仍然换不来你想要的结果；

或许你对一个人付出了全部的真心，最后得到的却是伤痕累累；

或许你拼尽全力去追求，最后也没有过上理想中的生活。

但是，你曾经历过的那些失败和坎坷，懊恼和委屈，多年后都将成为你笑着说出来的、带着光亮的往事。

那些往事历练了你，也终将让你成为更强大的自己。

被人嘲笑，被人唾骂，甚至被人欺骗，都没什么大不了的。生活始终是自己的，比起和烂人、烂事纠缠，我更希望你能勇敢地走出来，去过真正值得你努力的生活。

不将就生活，才能找到那个最真实的自我。

-04-

心理学上有个名词，叫作“自我选择效应”，是指一个人一旦选择了某条人生道路，就会产生朝着这条路一直走下去的惯性，并且，这种心理惯性还会不断自我强化。

它告诉我们，如果你选择破罐子破摔，那么你的生活注定会变得越来越糟，而如果你选择朝着更积极、乐观的方向前进，那么你就会遇见更多的积极和美好。

不但工作、生活是这样，你人生中的每一次选择也都是这样。

我很喜欢这样的一段话：

爱的时候不辜负人，睡的时候不辜负床，玩的时候不辜负风景，吃的时候不辜负美食，活的时候不辜负家人，享受的时候不辜负音乐，一个人的时候不辜负自己！

每个人都有自己的路，旅途上的风景和荆棘也都只有自己心里清楚，而我们唯一要做的就是不将就！

找到属于自己的花期，用自强不息去等待花苞绽放的那一刻，收获弥足珍贵的惊喜！

人生是一段长长的旅程，过去的已然过去，未来的谁也无法预测，而我们唯有把握当下正在发生的事情，用心去感知，才能不辜负这一场经历。

在每一个当下，尽可能地让自己怀抱信念，朝着一个更积极、更温暖的方向去走，那么你就一定能与更多美好不期而遇。

米兰·昆德拉在《被背叛的遗嘱中》写道："生活，就是一种沉重的努力，努力使自己在自我之中，努力不至于迷失方向，努力在原位中坚定存在。"

无论什么时候，认真做你自己，不将就生活，都是人生赢家！

在复杂的世界里简单活

-01-

王临最近特别烦，他在公司销售部副经理的位置上坐了两年，本以为这次销售部总经理调去开发新市场，他就会转正。

但是，没想到半路杀出个程咬金，总公司一位董事的儿子从国外留学回来，直接接任了销售部总经理的职位，他仍旧还是副职。

王临的老婆总是嫌他的职位不够高，赚的钱不够多，经常在他耳朵边絮叨：“××的儿子进了全市重点中学，肯定没少花钱”“小张的那个新包，怎么着也得两万块”“我们公司的李丽买了辆新车，配置可真好”诸如此类的话。每当这时候，他总是装作没听见，胼手胝足一步一个脚印地打拼，他能走到这一步已经花了太多的心血。

他才四十岁出头，头上的白发已经数不过来了，要是不染发，活脱脱一个小老头儿。

父母岁数都大了，为了怕他们操心，自己的心事不能和他们讲，甚至一年见面的次数都屈指可数，但他却无能为力。

他原本打算转正以后可以稍微松口气儿，但计划总没变化快，看看如今这局面，他又得有一阵子需要忙活了。

而且，到了他这个岁数，孩子的学费、房贷、老人的赡养费全都压在身上，他根本就不敢轻易跳槽，甚至公司里同事的各种生日会、结婚典礼、孩子满月宴都不敢缺席，生怕有人在背后给自己“穿小鞋”。

人到中年，各种复杂的人际关系、交际应酬让人眼花缭乱，没有哪一样是不需要花钱的，真是让人身心俱疲又无力抗拒。

有时候，王临真想从这种生活中抽身出来，一个人跑到大山里去，过几天清静的日子。

-02-

长大成人后的这些年，每个人走得都不容易。没有什么东西是唾手可得的，我们需要花上千倍甚至万倍的力量才能勉强立足。

有人说，现在的社会关系太复杂了，黑与白、好与坏、对与错，并非表面上看见的那么简单，很多事情在无形之中就被蒙上了一层纱。

年轻的时候，我们总以为世界没那么复杂，但是随着年龄的增长，阅历越来越丰富，经历的事情也越来越多，就会发现这个世界最真实的一面，就会发现在这复杂的环境中，我们很难找到一种归属感。

我们更加地拼命，得到了很多，但同时也失去了很多，我们不再年轻，也可能不再真诚，但这些其实并不是我们最初想要的。

所谓的成熟，其实并不是由年龄来界定的。真正成熟的人，是在认识到世界的复杂后，依然可以坦然地去接受这个世界所带给我们的一切——不失纯真，也从不与世沉浮。

生活于复杂的世界中，我们往往很难守住最初的自我。时代在变，人心也在变，我们会从一开始的纯净到最后的复杂。

也许，我们会认为，自己以后的生活会和别人的不一样，但是到了最后，绝大多数的人还是会过着平凡而简单的生活。

社会是复杂的，人心更加难以揣测，不是所有人都能够“出淤泥而不染，濯清涟而不妖”，但至少，我们该留住内心最初的那份简单。

即使我们面临的环境和人际关系越来越复杂，我们也不应该只是顺应这种复杂，而是应该在复杂中寻找到适合自己的简单。

世界纵然万般复杂，但你可以选择简单面对！

-03-

“维密女郎”刘雯在近十年内一直稳居国内超模榜首，除了自己的热忱与执着外，最让人欣赏的就是她的谦逊与简单。

刘雯的微博认证很简单，就是“模特”二字，没有任何修饰词，但她却是中国第一个真正的超模。她在秀场上专业投人，生活中腼腆可爱，丝毫没有因名誉而不可一世、狂妄傲娇，永远都保持着低调的姿态，用实力与成绩证明着一切。

随意打开一张刘雯的日常照片，基本上都是T恤＋长裤的搭配，虽然也不乏大牌的加持，但那种随意感莫名地就让人感觉很亲切。

明朗清爽，率真自然，刘雯总是保持着发自内心的微笑，没有一丝刻意。

出道十余年，她没有因为高强度的工作而疲惫沧桑，也没有因为身处灯红酒绿就开始懈怠浮躁。

她把辛苦与委屈照单全收，却从来没有怨天尤人或者随波逐流。

刘雯曾在访谈中说道："我喜欢的，真的就是简简单单、平平淡淡的。有一份自己满意的工作，一份自己觉得还不错的收入。"

也正是这种简单与纯粹，让刘雯变得更加与众不同。

-04-

曾经有位朋友告诉过我："真诚地做你自己，不需要刻意去掩饰什么，这个年代能够长远合作的人，更多是看重你的真诚，以及你对项目的初心。不要想那么复杂，成大事者，大道至简。"

我们总以为，在这个复杂的世界能够潇洒活着的那些人，都是靠着左右逢源才能够如鱼得水。但事实上，能够把事业做大、做长久的，其实都是些简单且真诚的人。

就好像著名作家刘心武说的：“在色彩斑斓的现代生活中，我们一定要记住一个真理，那就是‘活得简单才能获得心灵的自由’。”

我们就像一株株植根于繁复喧嚣的尘世丛林里的树，唯有保持一颗清净之心，才能简单而从容地生长。

在这个越来越复杂的现代社会，我们应该学会该删减的删减，该舍弃的舍弃，该放下的放下，让自己回归到最单纯的初心。那么，生活就会变得简单而清澈，恬淡而宁静，我们的生命就会焕发出别样的风采。

赚再多的钱也是为了更好的生活。家人好友陪伴在身旁，工作稳定，人生充实，这何尝不是一种幸福？

而一个能在复杂的世界里简单、真诚地活着的人，必定能够笃定地站在那里，怀着来自生命最深处的能量，朝着自己向往的方向坚定而行。

做你该做的，简单且真诚，假以时日，生活定会回馈于你。

生命只有一次，每个人都何其珍贵。

所以，亲爱的你，一定要活成自己想要的样子。

在复杂的世界里，爱你所爱，简单而行！

Chapter 6

优秀是第二等的选择，自在是第一等

不用很多钱，你也能活得高贵

-01-

肖枫刚刚过完了二十六岁的生日，在苏州的出租屋里，他一个人点了支蜡烛庆祝，没有蛋糕，没有礼物，甚至没有任何祝福。

他想起高中毕业那年，他向同学们夸下海口，说自己即使考不上大学，也可以凭自己的双手打出一片天地。

转眼间，好几年过去了，住的地方搬了好几次，一次不如一次，物价一直在涨，而工资却总不见涨。

每次他在街头看到那些意气风发的同龄人，都会感叹：有钱就是好呀，不用像他一样常年挤在流水线上，和各种各样的零件打交道，还能四处旅游，吃喝玩乐。

他觉得，自己就是生活在最底层的蝼蚁，连尊严都比别人低一等，所以他很少参加同乡会、同学聚会之类的活动，就怕被人瞧不起。

他也不敢去追喜欢的女孩子，总觉得自己的卑微配不上别人的美好，没钱没地位，连追求人家的资格都没有。

他妈妈打电话给他，让他回老家工作，说他也到了该结婚的年纪，总在外边漂着也不是事儿，还不如早点儿回去。

可他还是不愿意就这样离开，当初夸过的海口，一个都没有实现，怎么能就这样灰溜溜地回去呢?

他还想再拼上几年，万一运气好，就飞黄腾达了呢?有了钱，他也可以有尊严地活着，想干吗就干吗，不用再处处都要看别人的脸色行事。那才是他真正想要的生活，也不枉他在外面漂泊一场。

-02-

很多人可能都会有这样的错觉：只有穿着名牌服装，拎着名牌包，开着好车，而且还要有足够可以消费的钱，才能够算得上活得高贵。

所以，很多人终其一生都在追求存款的数字，却忘了该如何去享受生活。

但其实，生活得高不高贵，跟你有没有钱并不是对等关系。有的人月入万元，却把日子过得一团糟；也有的人月入三千，却过得如诗如画。

在允许的范围内尽可能给自己提供优质的生活，不仅仅是对生命的热爱，更是对自己的尊重和犒赏。

我有一个远房姑妈，生活得很清贫，但是却很雅致。虽然他们家只有几样非常简单的家具，但每天都一尘不染。

家里没有太多的装饰品，姑父就把从山上采来的野花放在瓶子里，居然也很清新脱俗。心灵手巧的姑妈用废旧布料做成各式各样的布艺品，把家里装扮得充满了艺术气息。

不是所有的美好都必须富丽堂皇，有时候，淡雅朴素的东西也可以很美。

心灵疗愈大师罗伊·马丁纳博士认为：

每个人必须先服务自己，把自己照顾得越好，就越有能量，越快乐，也就有更多东西可以给别人。

所谓生活，很多时候过的是一种心境，你的内心越富有，你的生活就越能熠熠生辉。

高贵与否，从来都不是用财富去衡量的，而在于你是否拥有一颗热爱生活的心。

不将就，不凑合，不失体面，这才是高贵的生活观。

-03-

网络上曾有个视频温暖了无数网友的心。

浙江宁波的白鹤派出所忽然走进来一位拾荒老人，二话不说就拿出一大袋钱，交到了民警手里。老人一边掏钱，还一边说："我在报纸上看到了什么'雪莲花'助学计划，我也想捐点儿钱。"

原来，他是想捐钱给贫困学子。他还补充道："钱是正规途径来的，请放心交给贫困学子。"

民警看他衣衫破烂，让他留点儿给自己，也有市民想帮助他，都被他拒绝了。

老人说："吃住我会自己解决的。"

事件被传播到网上，引来大批网友赞叹："原来人品真的跟社会地位没有关系，穷苦的人依然可以很高贵，且受人尊敬！"

我们不是因为出身而尊贵，而是因为行为而尊贵。

灵魂的高贵与否，从来都与金钱、身份地位无关，而是在于他是否具备崇高的品格和行为。

有钱可以拥有丰富的物质，但不一定就能拥有高贵的人生。

因为支撑起高贵的，永远都是爱、善良，以及对生活的期望。

所以，别再抱怨你穷。很多时候，你缺的不是钱，而是少了享受生活的恒心和追求美好生活的决心。

就像经典美剧《老友记》中的那句台词：

在华衣、盛名、高位、厚禄之外，能够享受心灵自由、品味人情之美，才是生活方式中真正的奢侈。

-04-

康德说：世界上有两件东西能震撼人们的心灵，一是我们头顶上灿烂的星空，另一个是我们心中崇高的道德标准。

决定一个人高贵与否的，从来都不是他高于常人的出身地位、光鲜的外表或存折上的那一长串的阿拉伯数字。而是取决于他无论贫贱富贵，依然有着做人应有的尊严、诚信、道德和责任，依然对这个世界抱有爱和善意。

我的一个朋友李同家境清贫，工作后，他花每一分钱都要精打细算，比如，每个月的工资他都会分成好几份：存款、房租、吃穿、聚会和其他开销。

虽然吃不起高档的大餐，但他至少能够保证营养均衡；虽然身上穿的都是平价衣服，但他至少衣着得体；没有豪华的自驾游，他也可以随时来一场说走就走的穷游……日子在他的经营下过得有条不紊、多姿多彩，而他也生活得自得其乐。

这个世界上，从来就没有谁比谁活得更容易。

就算你生活在社会的底层，就算你正面临逆境，就算你正在普通而又困窘的命运中苦苦挣扎，就算你觉得光明迟迟没有来临……但只要你仍是个善良、正直，愿意在别人困难时伸手拉一把的人，就值得受到别人的尊敬。

那些灰暗的、仿佛没有任何光明的日子总会过去。只要心中有光，就会照亮前行的路。

亲爱的，也许你的生命正在低谷。但是，灵魂可以在高处。

努力享受人生，勇敢甘于平淡

-01-

昨天晚上，江新建和几个哥们一起吃了顿饭，庆祝他三十二岁生日。

“哥，你说咋转眼间你就三十二了呀？我还记得那年咱们一起在川藏线上拼命拦车的场景……咋这么快十年就过去了！”

江新建松了松领带，还是觉得勒得慌，索性把它取下来，扔在了一边。

“是呀，当年咱们几个天天爬山、睡帐篷，在山顶大吼着‘我们要有不一样的青春’。谁也没想到，十年后我们会和别人一样过着如此平淡的生活！”

江新建端起眼前的啤酒，扬头喝了一大口。

“自从结婚生子以后，我们都收敛了个性，开始按部就班地生活，每天得为了‘五斗米’折腰，再也不敢狂妄地说走就走……可能这就是生活……”

“来，为咱们的友谊，为我的三十二岁……干杯！”

几只杯子碰撞在一起……

“哥，其实也没啥遗憾的，最起码咱都是努力享受过青春的人呀！谁的人生还不都是要趋于平淡？”

“对对，哥，那谁说的‘看清了生活的真相，却依然热爱它’，这不就是人生嘛！”

“我们都曾经想证明自己和别人不一样，但最终却还是认清了现实，承认自己不过也是个普通人，这其实也算是一种收获吧。”

“叮咚”，江新建的手机收到一条信息：“老公，少喝点儿，我和女儿在家等你回来吃蛋糕呢。”

江新建脸上闪过一丝幸福的笑容。

“哥儿几个，来，为敢于接受平淡的我们，干杯！”

-02-

曾经，我们在青春里都是那么的骄傲自矜，不可一世，我们又是那么倔强，拼了命想要活出不平凡的人生，不甘平淡。

我们曾给自己设想的未来一个比一个更精彩。每当有人问起我们的将来，我们总是意气风发地指点江山，好似世界虽大，唯我独尊。

可是，我们谁也不曾想过，过不了几年，二十多岁，或者三十岁，我们就会和某个人结婚生子，然后一辈子在柴米油盐酱醋茶中，庸庸碌碌地度过。

我们会每天为了怎样才能多赚点儿钱而绞尽脑汁，每晚为了孩子的奶粉钱和房贷而辗转反侧。

我们也曾想过有时间了一定要出去走一走，可生活却依旧日复一日机械地过，常常是一边搂着爱人重复着不知说了多少遍的情话，一边像闹钟一样定期问候父母。

也许，几年后，我们有了点儿钱，可还是没能和爱人长途旅行一趟，依然没有舍得去换那辆早已在心中试驾了N遍的车。

可这就是生活呀！我们努力去生存，才能让自己不被淘汰。其实，在那些努力的过程中，我们已经学会了接纳“不是第一名”的自己，习惯了在平淡中觅得欢喜，这些也算是为人生添了精彩的一笔。

甘于平淡，不代表就是自暴自弃，我们依然可以选择在平淡的生活里，享受属于自己的那份怡然、惊喜和感动。

-03-

三毛曾经收到过一个女孩的来信，她在信中诉苦道：

“我，29岁，单身，相貌平凡，工作能力有限，闲来除了看书，没有特别爱好，异性似乎也对我不感兴趣。我很自卑，不知道活着还有什么快乐。”

三毛在信中这样回复女孩：

生命的目的和意义是“寻找真正的自由”，然后享受生命。

我们的生命没有谁更精彩，同样平凡，但我多了对自我的期许和看中，不轻视自己。

一个人容貌不差，且有正当的职业，懂得在下班之余探索生命，这就是很美的事情。

如果能发现一些有趣的事情，比如布置房间，添置小物件，何尝不是平凡生活里的小幸福?

其实，我们每个人都一样，没有谁比谁伟大多少，那些能够在平淡的生活中发现精彩的人，不过是比我们多了颗善于聆听自己的心。

平淡也有平淡的活法，智者之所以成为智者，是因为在看清了生活的真相之后，依然热爱这个世界；也能够在有限的生命中，努力去享受人生，而后勇敢接受属于自己的平淡。

芸芸众生，生而不同。

有人一出生便在罗马，有人走了一辈子也到不了罗马。

但是，这些都阻碍不了我们认真地去度过生命中的每一天，不管什么时候，那些努力的灵魂，都值得被尊重。

-04-

我们总是会羡慕别人，觉得别人的生活永远比自己的生活充满诗意。

而实际上，这个世界从不缺乏美和感动，而是缺乏一颗慢下来的心。当你慢下来，会发现周围的一切都是未曾察觉的新鲜。

孩子牙牙学语的声音很动听，小区过道边不知名的鲜花也很清香，甚至家人做的家常便饭也别有一番滋味……

有个独自去大理定居的姑娘在微博里这样写道：

独自工作，没有复杂的人际关系，不用频繁跟人打交道，有很多时间看自己喜欢的书。

每天都能看见纯净的天空，看云舒云卷，山高天碧，心里很安详。

她的那些看似平淡无奇的生活里，其实透露着满满的惬意与享受。

因为她敢于听从内心的召唤，不去在意别人的眼光，追求平淡，追求自己想要的人生，所以才能享受心灵的安宁。

谁规定不做职场“白骨精”，不熬成企业高管，不成为创业达人，就不算活得精彩？

你自己的人生，什么才是精彩，唯有你说了才算！

即使生活是一地鸡毛，但只要用心并享受每一天，也可以把鸡毛变成鸡毛掸子，拿来轻轻拭去生活中的尘埃。

就像著名演员陈道明说的：“世界上没有这么多的主角，大部分人一辈子可能都要甘于寂寞，甘于平凡。”

勇敢甘于平淡，风起云涌不为所动；勇敢甘于平淡，千帆过尽我自坦然。

这是一种生活态度，更是对自己最大的仁慈，也是我们每个人都应该谨记的人生箴言。

愿你在平淡的生活中找到真正的自我，幸福地享受人生！

你要知道，幸福感这东西千金不换

-01-

章辉最近一直在考虑一件事情，那就是要不要出国务工。

这几年，随着中介的介入，村子里出国务工的人越来越多——去发达国家打几年工，回来买套房子再买辆车，似乎人生就会看起来很完美。

章辉的发小去澳大利亚打了三年工，凭着踏实肯干，合同到期后带着一笔钱回来了，先是盖了幢小楼，然后又开了家汽车美容店，没几年工夫，就挤进了有钱人的行列。

章辉他妈劝过他，叫他也出去几年，多赚点儿钱，回来日子也好过点儿，因为往后孩子上学、报兴趣班、老人养老等，到处都需要花钱。

可是他始终在犹豫，他和老婆结婚才三年，儿子也还只有一岁，生活虽然不那么富裕，但是夫妻十分恩爱，老婆从来也没说过他什么不好，也没有和别人攀比过，他们的日子过得也挺幸福。

如果他选择出去，那肯定几年都见不到老婆孩子，家里大事儿小事儿都得由父母担着，这也是他最放心不下的。

章辉的发小也曾经跟他说过，他在外面的这几年，想家想到发疯，就想着赶紧回来，再也不出去了。

他说，外面虽然挣得稍微多点儿，但是那种孤独感太可怕，如果不是把老婆孩子的照片一直带在身边，他真不知道怎么熬下去。

发小跟他说："你们家虽然没多少钱，但是一家人和和睦睦的，也是一种幸福。幸福这东西，可不是钱能买来的。"

章辉觉得他说的也有道理，但是心里还是有那么点儿不甘心，他也想过更好的生活。

-02-

每个人都是独一无二的，每个人都有自己的人生，你得选择适合自己的那条路。如果你始终左右徘徊、瞻前顾后，那肯定很难走好。

你自己的人生，应该由你来决定，别人的成功你并不一定就能复制得了。

世界上有很多人都被限制在自己的经验世界里，但这种经验对于他人而言不一定也有效，因为人与人之间还是有很大差别的。

父母可能希望你像别人一样去赚很多钱，但他们指给你的路并不一定正确。

你要选择的路，永远都是自己走出来的，而不是靠别人指出来。

每个人对幸福的期望不一样，所以选择也不一样，有年薪40万的白领辞职去做烘焙师，也有月薪五位数的程序员辞职去大理开客栈……

幸福感这东西，真的和金钱没有多大关系，它源自每个人对幸福的标准。有时候，很简单的生活你也会感觉幸福；而有时候，有再多的钱你也并不觉得快乐。

渡边淳一在《幸福达人》里告诉我们：能正常小便就是幸福，听到别人的一句“谢谢”就是幸福。

当你饥饿难耐的时候，一碗粥便是人间美味；当你渴到喉咙冒烟时，一杯白开水都是琼浆玉液。

那么多的城市富豪想要归隐山野，寻找内心的平静。他们吃过山珍海味，却向往农家小菜；穿过锦衣貂皮，却觉得朴素才是珍贵。

幸福感这东西，真的是千金不换。

-03-

我有个朋友，他在瑞典有座大房子，给他家刷墙的那个粉刷匠50多岁了，这辈子都在给人刷墙。

北欧的工人工资普遍不低，但这个粉刷匠很有意思，他一年只有夏季刷墙，其余的三个季度就是去旅游，二十多年一直都是这样的。

按我们正常人的思维，我们会想：他为什么没有考虑过一年四季都刷墙，赚更多的钱呢？刷墙刷得好，完全可以做成一个装修公司，然后公司业务好了还可以在各地开分公司，北方刷完刷南方，刷完欧洲刷美洲，最后刷遍全世界……

但是，在他的认知里，他觉得，拥有美满的家庭，闲暇时能到处旅游，更能体现幸福感！

是的，很多北欧人都像他一样。他们并不热衷买大房子、大电视，也不会一年四季都工作。他们也不习惯占有更多的资源，而是更喜欢慢节奏的生活，去追求更高品质、更高层次的心灵愉悦。

其实，对于我们来说，赚更多的钱，买更大的房子，也不外乎是为了给家人更好的生活。

你背井离乡、忍受孤独，不能和家人一起生活的这几年里，他们的喜怒哀乐你看不到，孩子的成长轨迹你触不到，这样真的值得吗？

如果不去攀比，别人开名车、用名牌、赚大钱，跟我们又有什么关系呢？

我们只要自己活得开心，可以和家人在一起，酸甜苦辣一起尝，困难挫折一起扛，又有谁能说我们过得不够幸福呢？

-04-

《小王子》中，狐狸对小王子说："你下午四点钟来，那么从三点钟起，我就开始感到幸福。时间越临近，我就越感到幸福。"

真正的幸福并不是你拥有了什么，而是你感受到了什么。

当你真正地学会了活在当下，享受此刻的满足，你就会明白：幸福常常是一些被我们忽略掉的、微小而琐碎的生活片段。

它可以是在一个温暖的午后，和父母一起坐下来，喝喝茶、谈谈心，在生活的喧嚣之余，体会更多的人生乐事；

也可以是放下手机，和孩子一起做个小游戏，共同拼完一幅拼图，参与到孩子的小世界中去，看孩子脸上扬起的天真可爱的笑容；

还可以和朋友一起，吃一顿最朴实的饭，喝一次最纯粹的酒，聊一聊彼此最真实的想法……

人生是一个忙忙碌碌的舞台，每个人都忙于走不完的前程，但有时候也需要我们缓一缓，慢下来！

当你慢下来，你就会发现幸福没有那么难，只要用心感受，处处都是满满的温情。

与其生活在被焦虑吞没的情绪里，皱着眉头去思索今天的工作、明天的房子、过去的负担、未来的忧虑……倒不如将所有的压力抛之脑后，暂时忘记当下，回到最自然的状态，享受久违的幸福。

活在当下，享受此刻，心安理得地做回自己，这并不是逃避，而是更用心地去过属于自己的生活，并用实际行动告诉别人：幸福感这东西，真的是千金不换！

高级的生活，是能专注无关紧要的小事

01

高斌今年26岁，身高178厘米，人也很机灵，逢人都能说上几句话，按说以他的条件在职场是很能“混得开”的，但他到现在并没取得什么成就。

高中毕业那会儿，他爸承包了一片鱼塘，想让他跟着一起养鱼卖鱼。但高斌觉得养鱼这事太掉价，要干就得干点儿大事儿，不能和他爸一样。

于是，他就吵着让他爸帮忙贷了点儿款，在镇上一个小区门口开了家超市。那个小区方圆几里都没什么大的超市，所以他的生意还算不错。

但是，干了一年后，高斌觉得靠这种小生意发家致富还是太难，这跟他想干的大事业还是差得有点儿远。于是，他不顾父亲的劝阻，把超市转掉，拿着钱到省城开了家酒吧。

结果，因为人生地不熟，再加上他不懂酒类的品种和酒吧经营的诀窍，客人寥寥无几，很快就入不敷出，最后只能关门停业。

他爸劝他说不如先去学习一下管理或者调酒技术，也可以先找个现成的酒吧去学习别人的经营模式，积累一些经验再说。

但是，高斌却不以为然，他认为干小事成不了大器，想要致富就必须得有大手笔。这次，他想尽一切办法筹钱，投资了一家担保公司，但最终还是因为经验不足，卷进了一宗经济纠纷中，血本无归。

虽然他开口就是谈公司、讲发展，听起来非常“高大上”，但实际上一直都是一事无成。

这些年，他热衷做的那些大事都成了水中月，镜中花，小事也一件都没做好。

-02-

古人云：“小事不做，大事难成。”

一个人如果想成就大事，就要从身边的小事做起。有时候，越是不起眼的小事，越是能升华你自己的内在。

有的人说自己的理想是当作家，但是连阿猫阿狗的东西也不屑写。反之，老舍也曾写过一只猫、一只母鸡，并且还成了语文教材中的经典篇目，而他自己也成了文坛名家。

很多人都只想做大事，却不知道，事实上，每一件大事都是从小事做起的。每一个成功的人，都曾安静地干过那些看似无关紧要的小事。

其实，通往成功的路上并不拥挤。很多人之所以无法成功，是因为一直处于迷茫中，或始终心存幻想。

他们迷茫的是大事干不了，而小事从来不肯干。他们幻想着自己就是干大事的料，而不屑于做小事。殊不知，连小事都做不好的人，大事也根本不会轮到你。

我曾经看过这样一句话：

一只蜗牛虽然爬得很慢，但背后却是一条闪光的路，而且，它的世界会越来越大。

生活中那些默默无闻地做着小事的人，终有一天也会变得很强大。

成功从来都不是一步登天，而是聚沙成塔。

-03-

在当下浮躁、快节奏的时代，许多人都急不可耐地想要成功。有的人既想做这件事，又想做那件事。还有的人今天做这件事，明天又跑去做那件事。

他们不是不够聪明，而只是不能专注于某一件事情，所以结果可想而知，他们往往都不会达到理想的高度。

日本东京有一家只卖羊羹和中饼两种点心的小店，店名叫“小笹”，店面小而朴素，只有3平方米，年收入却高达3亿日元。

他们没有做任何广告宣传，每天限量150个，每人限购5个。即使是这样，小店每天却门庭若市，很多人在早上四五点就过来排队购买。

羊羹的制作很简单，无非是用红豆与面粉或者葛粉混合后蒸制，冷却成型即可。但就是这样看似简单的小点心，若要做到精致而又口感好，却需要花时间和耐心去精心打磨。

这家小店的老板叫稻垣笃子。他的父亲是一个很严苛的人，所以，稻垣在制作羊羹的最初十年里，迟迟都未得到父亲的认可。

直到他第一次“听”到紫色光芒的声音时，父亲才终于点了下头。而为了让这道紫色的光芒持续，他又用了十年的时间对红豆的产量和质地，木炭的状态，甚至气温和湿度都进行了反复的摸索、调和，才达到如今的完美状态。

可以说，他是在用自己一生的时间做羊羹。

稻垣笃子说：“炼制羊羹时，就是我一个人的世界，那是谁都不能打扰的。在这段时间里，我的心里、眼中只见羊羹。正是这段心无杂念的时间，让我做出来的羊羹臻于完美。”

也正是因为他专注于一件小事的精神，才让他取得了今天这样的成绩。

而现在很多人的通病是：想得太多而做得太少，想要的太多而能专注的太少。

-04-

乔布斯曾在一次采访时说："专注和简单（focus and simplicity）一直是我的秘诀之一。"

想得太复杂心就会散乱，就很难保持专注，而只有简单才能做到专注，而后才能达到极致。

人生中有很多看起来无关紧要的小事：

有的人每天早睡早起，而有的人则习惯熬夜；

有的人喜欢自己做饭，保持饮食健康，而有人则常年吃外卖，对重口味情有独钟；

有的人有阅读的习惯，每天都要看会儿书，而有的人闲暇时间都用来追影视剧、玩游戏……

那些看似微不足道的小事，实际上是会在日积月累的时间中给你带来巨大影响。

人生中所有叫人记忆深刻的美好，都是由看似无关紧要的小事组成的。

我对此深有同感。

拉开人与人之间差距的，往往都是那些不被人看重的小事。

那些小事，无论是好的还是坏的，积累到一定程度，都足够影响你的一生。

Chapter 7

你只是为自己而活，又没剥夺别人的生活

学会拒绝不想要的，是对人对己最大的尊重

-01-

每个人行走在这繁华世间，都有自己想走的路。

李林中专毕业后，怀揣着对未来的美好梦想去了深圳打拼。三年里，他换了好几份工作，最后终于接触到了健身行业，并且对这个行业一见钟情。

在健身这行做了六年，他承包了一家健身房，从一个小小的健身助教变成了健身房的老板，管理着一个十几个人的团队。

眼看着就快奔三了，可李林到现在还没有结婚。于是，他的婚事成了父母每次在电话里例行的关注焦点。

每次听到父母说家里哪个亲戚的孩子比他小，都结婚生二胎了，他都有挂掉电话的冲动，但一想到这样做父母会不高兴，所以只能一直忍着听他们唠叨完。

去年腊月二十八，李林坐了四个多小时的高铁，又坐了三个多小时的汽车，一路风尘仆仆地从深圳赶回家和父母吃团圆饭。

他前脚回到家，刚放下行李，就有一个邻居来调侃他，

说他现在不是在健身房做老板吗？怎么连个女朋友也不带回来一个？

听到邻居的话，李林心里很不舒服，他有点儿尴尬地说过两年再带女朋友回家，然后就走开了，懒得再面对这个好事的邻居。

晚上，一家人坐在一起吃团圆饭时，母亲也和李林谈起了他的终身大事，叫他不要那么挑了，早点儿找个女朋友结婚，让他们早点儿抱上孙子。

“知道，知道。”面对父母的催婚，李林每次只能这样应对。

其实，他并不着急结婚。在深圳这样的大都市里，他认识的三十多岁还没结婚的男人比比皆是，他并不是一个异类。

-02-

对于李林来说，自己刚刚才开始创业，要学习和操心的东西太多，哪有精力去谈恋爱和想结婚的事。

而且，他承包健身房欠了一笔不小的债，每天睁眼就得面对房租、水电、人工费等种种压力，外人看他很风光，实际上他的每一分钱都用在刀刃上，从不敢浪费。

谈恋爱和结婚，对现在这个阶段的他来说，无疑是给自己增加负累。

他不想让自己活得这么累，但又不想让父母知道他现在的难处，所以，每次谈起婚事，只好先敷衍下他们。

不过，邻居和父母他还可以敷衍，但有些亲戚却不好敷衍。

大年初一时，小舅来家里拜年。小舅一来就和李林聊上了，先问了下他的工作，然后又把话题扯到了他的婚事上。

小舅说父母年纪大了，做子女的不要太自私，只想着自己在外面一个人自由自在的，要多为父母想想，早点儿结婚让他们安心。

然后，小舅说他的一个老友的女儿比李林小四岁，在广州一家公司做文员，也没有谈对象，前几天也回来了，叫李林明天去他家里，两个人见个面。

小舅拼命夸那个女孩，说她是他看着长大的，长得很秀气，就是个子矮了一点点，但为人很踏实，对父母很孝顺。

他还给那个女孩的父亲看了李林在朋友圈发的自拍照，她父亲对李林很满意。

李林母亲听着，高兴得合不拢嘴，说女孩子个子矮点儿没关系，知根知底就行，叫李林明天起早点儿去小舅家。

李林很想拒绝，但又不好意思当面拒绝，让小舅没面子，母亲难堪，所以只好低声“嗯”了一声，算是答应了。

但第二天一早，他连早饭都没吃，就跟父母说今年要给员工换宿舍，他得早点儿回深圳。然后便拖着行李箱，不顾母亲的责怪，有点儿狼狈地逃回了深圳。

-03-

每个人在人生的路上总会遇到一些各种各样被人勉强的事，明明自己内心有个声音在告诉自己要说“不”，但往往话到嘴边，却又不知道该如何拒绝，最后只能答应了别人，为难了自己。

毕淑敏说：“拒绝如同生存一样，是一种权利。”

大多数的时候，你难以拒绝别人，表面上看起来是怕别人不高兴，其实是因为无法接受一个不被别人喜欢的自己。

不擅长说“不”的人往往特别在意别人对自己的看法，也很容易被别人的情绪和行为所左右，这就等于是把自己的喜怒哀乐——甚至是把自己的人生——都交给了别人来控制。

没有人能对你的人生负责，父母亲人也不例外。所以，你不需要通过不拒绝的方式，向任何人去证明什么，最终活成违心的样子。

每个人活在世上，都应该先为自己负责，先尊重自己，先取悦自己，而不是优先为别人负责，优先取悦别人，这才是健康的心理界限。

不懂得拒绝别人的人，大多时候都是在自寻烦恼，给自己带来一些不必要的麻烦。

在生活中，有些人明明自己的经济状况都很紧张，但亲戚朋友向他借钱，他又不好意思拒绝，最后只能假装大方地把钱借出去，让自己的生活陷入窘境。

在职场上，有些人自己每天的工作量都挺大的，但一些同事叫他帮忙，他明明不愿意，还是会无奈地做个老好人，放下自己手头的工作去帮别人。

遇到类似这些让你为难的事，最好的方法就是：第一次就温和而坚定地表示拒绝。

因为你答应了别人一次，很有可能会让别人形成依赖心理，以后还会有第二次、第三次……

所以，一开始就将那些烦恼与麻烦扼杀在萌芽状态，才是最善待自己的做法。

-04-

太宰治在半自传体小说《人间失格》里写道：

我的不幸，在于我缺乏拒绝的能力，我害怕一旦拒绝别人，便会在彼此心里留下永远无法愈合的裂痕。

我们都有父母、亲人和朋友，有自己爱护和在意的人，孝顺和善良不能丢，情谊和道义也不能舍。但我们并不是任何人的附属品，孝顺和善良并不代表我们必须事事顺从。

没有谁真正愿意在关乎自己利益和人生幸福的事上，仅仅为了取悦他人而去勉强自己。

只有懂得拒绝不想要的，才可以让自己的生活变得主次分明。

明智的拒绝可以让别人了解你的原则与底线，可以让你的人际关系变得更健康，不会让你成为一个可能只是感动了自己，并没有感动别人的“烂好人”。

坚定地学会拒绝，也会让你未来的选择显得更珍贵，更有分量。

就像李林，如果他最终妥协了，去跟那个女孩相亲，不管他对那个女孩有没有好感，都有极大可能会面临着被双方父母催着赶快办婚事的处境。

这样的结果并不是他想要的，也不是现阶段的他有能力去承受的。

所以，学会拒绝不想要的，才是一个人为自己人生负责的表现。让对方看到你真实的态度，才是对人对己最大的尊重。

每个人活在这个世上都有自己的不容易，当你懂得拒绝不想要的，说明你已经开始成熟，学会了如何接纳自己、保护自己。

人生几十载，说长不长，说短不短，但每一分、每一秒都很珍贵。

你的每一个选择，在当下看起来或许并不惊天动地，但未来每一天的生活幸福与否，却往往是由这些看起来并不惊天动地的选择造就的。

所以，有时候真的不必勉强自己去选择不想要的。自己的人生路，按自己的意愿和节奏来走，才能走得无悔，走得从容。

只有你过上自己想要的生活，真正幸福了，那些爱你的人，才能真正安心。

内心强大的人，对世界没有偏见

-01-

成年人最容易做到的事是随波逐流和怨天尤人，最难做到的事是坚持自我和宠辱不惊。

陈雄出生在一个农村家庭，父母都没多少文化。

他们从小对陈雄的期望便是希望他长大后能当一名教师，因为在他们的观念里，教师是最有文化的人，是最高尚的职业。

高考时，一直是乖孩子的陈雄听从了家人的建议，报考了师范学校，准备毕业后当一名数学教师。

但进入大学后，陈雄慢慢发现，自己对教师这个职业真的没什么兴趣。不过，他当然还是认真地继续读了下去，直到顺利拿到毕业证。

毕业后，陈雄做出了一个震惊众人但在他心里酝酿了很久的决定——他没有去哪所学校当教师，而是去了一家中餐厅当了厨师学徒，收他为徒的师傅是他一个同学的表哥。

同学的表哥学历不高，见一个大学生拜自己为师，很是受宠若惊。师傅教得很认真，陈雄学得也很刻苦。

只是，陈雄在外面学做厨师，学得热情高涨，他的父母却天天在家里唉声叹气，愁眉不展。

邻居和亲戚们每次问他们陈雄大学毕业后在外面干什么工作时，他们从来没有底气坦诚地告诉别人——自己的儿子在做厨师。

陈雄大学时的女友更是对他万分不满，抱怨他太自私了，做什么事只想着自己开心，完全不顾她的感受。女友甚至还撂下狠话：她家里的人绝对不同意她以后嫁给一个满身油烟的厨子，叫陈雄自己看着办。

陈雄让女友给他一段时间，他会做出成绩的。但女友表示，她不愿意等一个厨子。两人冷战了一段时间后，最终还是分手了。

-02-

一个很清楚自己未来想过什么样的生活，并且会为自己的目标付诸行动的男人，自然不会让自己失望。

仅仅用了七个月，陈雄便成了一个能独立掌勺的师傅。

之后的五年时间里，他跟着同行的朋友去过十几个城市工作，熟悉了几大菜系，也对各种模式的餐厅运营有了比较深入的了解。

期间，他还完成了两件人生大事：和一位女同事结了婚，生了孩子。

28岁这年，陈雄当上了一家星级酒店的行政总厨，掌管着四十多人的团队，将酒店的餐厅生意经营得有声有色，并成为酒店总经理的得力臂助。

30岁，陈雄开了一家属于自己的餐厅，规模挺大，有三层。餐厅的生意自从开业第一天起便一直很火爆。

但才开业两年，便发生了一起食品安全问题——厨房的例汤有问题，导致几十个客人腹泻。从此，他的餐厅生意就一直下滑，长期处于亏损状态，最终不得不以关门告终。

已过而立之年，经历了创业失败和经济危机的陈雄，又做出了一个惊掉许多人下巴的决定——他去了一家私立学校当了一名数学老师，准备过渡两三年，未来再开一家餐厅。

当老师的日子里，他每天在学校教别人的孩子，回家再教自己的孩子。日子虽然过得平淡，但陈雄却时常能感受到生活中的小幸福——别人从来只关心他飞得高不高，他的妻子却懂得关心他飞得累不累。

这对陈雄来说，比事业的成功更可贵。

-03-

人的一生，能够一帆风顺的极少，起起落落，是人生的常态。

能坦然面对人生起落的人，生活中却并不多见，陈雄算得上是并不多见的人之一。

十年间，他所面对的来自各方的压力其实一直挺大。

但是，他始终保持着内心的强大，宠辱不惊、淡然处之，从未对这个世界抱有任何偏见，也从不后悔自己的每一个决定。

人生重要的不是所站的位置，而是面向的方向。

无论位置多高，如果不是你期待的方向，你也不会活得快乐，你也觉得人生是遗憾的。

无论位置多不起眼，只要是你喜欢的，能让你开心的，你的人生也是值得的。

而一个内心强大的人，无论他处在什么位置，无论处境有多糟糕，他都不会觉得自己低人一等，更不会觉得命运不公，或是老天在玩弄他。

他可以把自己的心境快速调节到一个平和、自信、快乐的状态。

他知道，人生最糟糕的不是遇到了糟糕的人或事，而是自己没有面对挫折的勇气和从零开始的心态。

其实，无论遇到再糟糕的人或事，对你的人生来说，都会有积极的意义。

经历过挫折失意的人往往更清楚什么是适合自己的，更能感受到平常不曾留意的小幸福，更懂得好好珍惜当下的每一刻。

很多人一生都在追求所谓的成功，把成功定义为人生的终极目标。

但成功哪有什么确切的定义，人生的终极目标也并没有什么意义。真正的意义，是你此刻正幸福地走在人生路上。

-04-

生活中很多物质上的富人，在精神上也可能只是个穷人；而物质上的穷人，在精神上却可能是个贵族。

幸福，其实从来只是一种感受，一种心态，无关其他。

大多人这一生都会很平庸，但平庸并不代表不能获得幸福。

当一个人没有体验到成功或优秀，或是曾经成功或优秀过，现在不再如曾经那般成功或优秀的时候，你怎么对待自己就很重要了。

你是不是不允许自己做错事？你是不是不允许自己不完美？

你是不是嫌弃过自己的原生家庭？你是不是太在乎别人对你的评价？

你是不是觉得不如意总是如影随形？你是不是觉得这个世界对你不公平？

如果你这样对待自己，说明你已经丢掉了幸福。

每个人都在追求幸福，可是往往阻碍你追求幸福的最大敌人，就是你自己。

当你不再彷徨，当你不再排斥自己，当你可以完全接纳那个好与坏并存的自己时，你的精神才是富足的——精神上的富足足以弥补物质的匮乏。

一个精神富足的人身处逆境时不会去怨天尤人，不会悲悲戚戚，不会在乎别人对他的评价，甚至也不在乎自己对自己的评价。

他的内心是强大的，他不会一听到不同的声音就焦虑不安，就立即改变自己的想法，而是能够始终理智地看待幸福与生命的意义。

一个内心强大的人对世间万物充满深深的敬畏感，他认为众生平等，他能允许别人不完美，也能允许自己不完美，他对这个世界没有任何偏见。

他还相信，世界为他关上一道门，一定会为他打开一扇窗。如果这扇窗还没有开，那一定有还没打开的意义。

幸福，自然会向你靠近。

低质量的关系不如高质量的独处

-01-

人都是怕寂寞的动物，都有社交需求。

小志在一家公司做策划，他最近对社交这件事感到特别迷惑。

公司里的同事无论男女，爱八卦、爱凑热闹的人不少。小志其实是一个性格偏内敛的人，但还算职场新人的他担心别人说他不合群，没有团队观念，从而影响以后升职加薪，所以，每次同事扎堆在一起闲聊的时候，哪怕他没兴趣参与，也会强迫自己去加入他们。

同事们经常组织AA制的聚餐或唱歌，每次只要叫他一声，或是并没有点名叫他，但只要他知道了，他总会装着很兴奋地说："我也去，算我一个。"

每次聚会结束，大家各回各家后，他并没有感到很充实，也没有任何的收获感，反而只会觉得更加空虚和焦虑。

小志说，这种情景在他的工作和生活中已经成了常态。

但很明显，他并没有适应这种常态，反而感到越来越疲惫；他的工作也并没有因为他如此积极努力地去和同事们融合而变得顺利些。

上司和同事们该给他批评或脸色的时候，照样会批评他，或给他脸色看，也从没有因为他们私底下是一起吃饭、喝酒、唱歌的朋友，而对他有任何宽待。

在生活中，为了能合群，为了扩展自己的人脉圈，很多人都像小志一样。

他们会按照别人的逻辑思维来说话和行事，哪怕自己根本不认同；宁愿把自己的事情往后排，逼着自己装出笑脸，也要优先选择参与集体活动。

但是，很多人也慢慢发现，一个不能把事做好的人，就算再会做人，所谓的“高情商”也不过是一场骗局。

-02-

我曾在一篇文章中看到过这样一个故事：

为了提高销售业绩，有个销售员经常陪客户应酬。某天，一个饭局上，他遇到了他所属行业的一个大佬，于是主动过去跟那个大佬打招呼，并且向他敬酒。

那个大佬打量了那个销售员一番后，很不屑地问他：“你是谁啊，我们认识吗？”

那一瞬间，空气似乎都凝结了。

销售员讪讪地把酒一饮而尽，自我解围地说："哎呀，一看您就是贵人事多，把我都给忘了。"说完，便灰溜溜地回到了自己的座位上。

相信很多成年人都能体会到这个销售员当时的尴尬。

然而，有多尴尬，就有多心酸。

生活不易，每一行都有每一行的艰辛。每个人都想在自己的行业里出人头地，都想结识行业里的佼佼者，和他们建立一些交情。

但是，真正的交情并不是一包烟、一瓶酒、一个笑脸，还有一堆拍马屁的话就能建立起来的。

李小墨在《请停止无效社交》这本书中写道：

你忙于交际，频于应付，鸡同鸭讲的尴尬无处不在。

你为了别人的欢笑而奔波，又为了别人的肯定而牺牲自我，你的人生仿佛都不是你的。其实，你根本不是在社交，而是无谓地蹉跎光阴。

物以类聚，人以群分。

我们要知道，那些没办法挤进去的社交场合，我们没必要蹉跎光阴，赔着笑脸去硬挤。

与其把自己的生命搞得拥挤不堪，倒不如腾出时间去和真正交心的朋友喝杯茶，一起谈天说地。或是找个安静的角落独处，让疲惫的身心得到片刻的休憩。

-03-

每个人一生会认识大约27000人，可是，这其中除了至亲的家人之外，有多少人能让你无条件地去信任，毫无保留地说说心里话呢？

华为曾拍过一个社会实验短片，片名叫《你手机里的常用联系人有几个》。这个实验短片让人看了之后内心触动很大。

短片的内容很简单，就是选取了几个普通的男性，征得他们的同意后，拍摄前备份了他们的手机通讯录，然后叫他们不要看手机，先猜测下自己的通讯录中大概有多少人。

“一两百吧”“两百多人吧”“将近三百”“五百到六百之间吧”“很多”……

这是他们的答案。

他们猜测完后，拍摄者在投影仪里公开了他们的通讯录。实际上，他们的通讯录里都有一千多个联系人。

接着，拍摄者请他们删除那些自己不会主动联系的人。

他们删完后，一千多人只剩下了二三十个人。

再接着，拍摄者请他们在剩下的人里继续删除，只保留能说真心话，能保守秘密，没有勾心斗角的人。

结果，一个通讯录里原本有1126人，最后只剩下2人；一个通讯录里原本有1049人，最后只剩下3人；一个通讯录里原本有1135人，最后只剩下3人。

实验完成后，其中一个受访者自嘲地说：“我活得很失败，原来知心的朋友这么少。”

其实想一想，这不就是我们每一个人生活的真实写照吗？

很多时候，你看起来有很多朋友，但其实，真正值得交心的朋友，只有那么一两个或两三个。

很多时候，真正让你觉得活得累的，并不是生活和工作本身，而是那些无用的社交和低质量的关系——它们耗费了你过多的时间、精力、金钱，还有情感。

-04-

现实中不少人总有这样的认知：多个朋友多一条路，朋友多了路好走，人脉就是“钱脉”。

但是有不少人也会慢慢发现，自己花了这么多时间去扩大人脉圈，去维系很多关系，并没有换来升职加薪，也并没有换来赚大钱的机会，更没有获得多少精神上的充实和快乐。

当你真的有困难需要帮助的时候，这些所谓的朋友都像躲瘟疫一样，都恨不得离你远远的。

你若盛开，蝴蝶自来；你若稀烂，谁愿意多看你一眼？

所谓多一个朋友多一条路，朋友多了路好走，人脉就是“钱脉”，这些思想根本就是自欺欺人，自我安慰罢了。

如果你自己的能力不够，如果你自己不够厉害，认识再多朋友，认识再厉害的人，也不过是你口头炫耀的资本，并不能为你带来任何实际的益处。

反之，那些明智的人往往在社交上花的时间很少。

因为他懂得能力是1，人脉是后面的0，自己若没有独特的优势，再多的人脉资源也是形同虚设。

所以，与其花大量时间去结交他人，去维系那些低质量的关系，不如静下心来进行高质量的独处，踏踏实实地去提升自己的工作能力，让自己成为一个做事靠谱的人。

当你有能力为他人带来益处时，你的社交才会有质量，你的人脉才是有价值的。

人生最宝贵，也最容易流逝的，便是时间。

不要把太多人请进你的生命里，浪费了自己的宝贵时间不说，也委屈了自己的心。

学会做一个能够与自己高质量独处的人，才更容易感受到生活的安宁与喜乐。

人，最终还是要靠自己成全自己

-01-

小说《摆渡人》里有一句直击人心灵的拷问：

如果命运是一条孤独的河流，谁会是你灵魂的摆渡人？

所谓的“摆渡人”，其实就是帮助我们、成全我们，让我们的人生变得更好的人。

但这样的“摆渡人”往往可遇而不可求。人生大多时候都是求人不如求己，靠人不如靠己，与其奢望别人来成全，不如自己成全自己。

宋轩是一个小县城的富二代，也是独生子，但他并没有一些富二代和独生子常见的毛病。他的性格低调、内敛，从小便是一个听父母话，让父母觉得省心的孩子。

高考时，成绩一向不错的宋轩因为太紧张，在考场上没有发挥好，只考上了一所很普通的二本院校。

大学录取通知书寄到家里的时候，宋轩母亲就对他说：“二流大学的毕业生，将来出来工作也只能当个普通的打工者。工资低不说，还要看人脸色，等你大学毕业了，就回来打理家里的建材生意。”

宋轩对做生意根本没有兴趣，他也不想大学一毕业就待在家乡的小县城，但他并没有急着反驳母亲的话——以后会怎样，谁说得准呢？

上大学后，别的同学都忙着谈情说爱，宋轩却总是泡在图书馆或宿舍里专心地学习，从没有恋爱的打算。

四年后，在老师和同学的意料之中，却在父母的意料之外——宋轩考上了研究生。

儿子考上研究生了，这是一件值得骄傲、值得支持的事，宋轩母亲自然没有再像过去四年那样，每次放假回来总是跟宋轩唠叨着毕业后回来经营自家产业这件事。

三年的研究生生活，宋轩照样读得很刻苦，还没正式毕业，便被北京的一家世界500强公司看上了。毕业后，他直接去了那家公司上班，户口也转了过去。

儿子这么优秀，一踏入社会就成了首都人，做了一名高级白领，宋轩母亲自此再也没有要求他回来继承家里的建材生意。

-02-

古人说：“自助者，天助之。”

人生，其实从来就不缺乏机会。有些人总在等待机会，而有些人却总在创造机会。

一个懂得自己成全自己的人，总能给自己创造机会，让自己过上想要的人生。

然而，很多人在长大后，总是忘记了自己最想要的是什么，一味地被命运推着走。

命运其实好比玩牌，拿到好牌不一定会赢，拿到烂牌不一定会输。最终输赢与否，关键是看你怎么打，有没有想打赢的决心。

只要你想赢，你就不会输得太惨。纵然输得惨，你也不会遗憾自己曾经不够努力。

生活不能等待别人来安排，要自己去争取和奋斗，不论结果是喜是悲，可以慰藉的是，你总不枉在这世界上活了一场。

很多人总是在年轻的时候肆意地挥霍青春，在最好的年纪虚掷光阴，或是沉沦在一段段情情爱爱的游戏里，完全丧失了生活的斗志，忘记了自己曾立下的人生目标。等到蓦然回首时，才惊觉岁月已迟，悔之晚矣。

偶尔，当你听到别人取得了什么成就时，心里总会产生一丝嫉妒和羡慕，一丝后悔和心酸。

你会在漆黑的夜里暗暗地责怪自己——为什么自己当初不努力呢？为什么自己当初不坚持呢？要不然，现在的自己也能取得一些成就了吧！

然而，世上没有时光机，过去的光阴永远无法重现。如果仍然不开始努力的话，你的遗憾将永远都是遗憾。

-03-

我认识一对双胞胎兄弟，他们家以前挺穷的，兄弟姐妹又多。

兄弟俩的成绩其实一直都不错，但初中毕业后，因为家里负担不起两个人的学费，最后两个人都去了城里打工，在同一家电子厂做了普通的工人。

哥哥工作倒是认真，但很快和厂里的一个女孩谈起了恋爱，变得随遇而安。

而弟弟不光工作认真，还一直保持着看书和学习的习惯。工作了几个月，手上攒了一些钱后就先去培训班学了电脑，后来又去培训班报了英语课。

在这家工厂干了两年，两人的年龄都满了18周岁后，哥哥的恋爱对象已经换了两个，但还是在厂里做个普通工人。

而弟弟，他既懂电脑，英语又不错，已经拥有了飞到更广阔天地的翅膀，于是毅然辞掉了这份没有晋升空间的工作，去了南方打工。

在南方的一家港企里，他在物料部做了一个多月的搬运工后，便成功内聘上了仓管员。工作稳定后，他又报了成人高考辅导班，准备参加成人高考。

在踏入成人大学的第二年，年纪轻轻的他升为副主管。在他拿到大学毕业证的那年，他又升为主管，也成了这家企业有史以来最年轻的一位主管。

而他的哥哥一直在家乡小城的工厂里出卖体力，拿着微薄的薪水。当他得知弟弟圆了那个他们曾经都向往过的大学梦，还当上了港企的主管，成了一名真正的白领后，他的内心五味杂陈，既为弟弟感到高兴，也为自己感到难过。

当初，明明两个人的成绩是不相上下的，成长际遇也是一样的。但是，短短几年，两人的差距竟是天上地下。

父母和家人对他俩的态度也有了明显的区别，对弟弟是尊重，而对他是隐隐的鄙视。

细细想到这些，哥哥终于像开了窍一样。

他开始每天把工作做得更好，没事也看看书，不再把钱都用在追求女孩上，而是开始攒钱，计划自己学一门安身立命的手艺，不再安于现状地凑合着生存。

-04-

电影《这个杀手不太冷》中有一段台词：

如果你不快乐，那就出去走走。世界这么大，风景很美，机会很多，人生很短，不要蜷缩在一处阴影中。

快乐的人生，都要靠自己来成全。

而这个成全自己的过程可能不会轻松，可能会流汗，也许还会流血、流泪，但结果一定能让你笑。

靠自己成全的人生能让你从此过得踏实、自由、有底气，不会再患得患失，也不会在他人面前卑微如泥。

人生最怕的就是一个“等”字，等将来，等以后，等别人，等时机成熟，等伯乐发掘……

那些坐着不动干等的人，往往都等不来想要的，等不来东风，只能等来喝西北风的结果。

永远在等待的人，永远都是在给自己的人生设限。

而那些有目标，有胆量，一步一个脚印，付出努力与坚持，往梦想的方向去前行的人，老天都愿意助他一臂之力，让他的梦想比预期更快地成真。

成全自己的梦想是对自己最高级的取悦。而取悦自己，远比取悦别人更重要。

做个爱自己的人，每天都努力去取悦自己，自己做自己的“摆渡人”，自己去成全自己，让自己每天都离梦想更近一步。

你会发现，终有一天，你在不期然间积累的每一小步，会带给你满满的惊喜。

还等待什么，还犹豫什么？为了更美好的明天，努力向前走吧！

Chapter 8

人生哪来的风平浪静，你也不必时时心宽似海

你失控的样子，就是渴望被理解的样子

-01-

夏日的午后，雨来得快，去得也快。

窗外的天空此刻特别清澈、湛蓝，有几朵白色的云像棉絮一样，看起来柔柔的、软软的。

“他说，我就是个疯子！”一句很煞风景的话传入我的耳畔，我的目光立马从窗外收回，望向坐在我对面的沫沫。

沫沫的神色看似有种云淡风轻的淡定，但我依然从她的眼神中读到了伤感的味道。她像在述说着别人的故事一样，向我讲述着她自己的爱情故事。

“这是他对我说的最后一句话。我不知道，为什么我的爱情总是以这样不堪的方式收尾？真的是我的性格有问题吗？我真的是个不值得被爱的女人吗？”

沫沫的眼睛里有晶莹的泪水在闪烁，让我的心不由得一酸。

映入我眼帘的这张容颜，青春而姣好。她是个有梦想的女孩，有上进心，对朋友真诚，对爱情专一。这样的女孩，谁说不值得被爱？

然而，让她开始否定自己的，却是一个她爱了一年多，此刻仍然还爱着的男人。

这个让沫沫失恋的男人叫阿哲，曾经的他们是朋友们眼中外形般配、性格互补的最佳情侣。

阿哲性格外向，人缘极好，只要有他在，朋友聚会绝对不会冷场。而沫沫性格偏内向，喜欢安静。

性格各异的两人虽然最初互相吸引，但在一起时间长了后，却成了两人矛盾不断的源头。

沫沫越来越不满，阿哲几乎把所有的业余时间都花在和朋友无聊的聚会上，再也不愿意陪她一起散步，一起聊天，一起看电影，甚至连她生病了，他都不愿意匀出时间来陪她。

两个人开始争吵，歇斯底里的火爆剧情开始不停地在他们的生活中上演。终于，阿哲受不了爱发脾气的沫沫，毅然地离开了她。

-02-

有人说，真正爱你的人，一定是那个愿意花时间来陪你的人。

也有人说，真正爱你的人，一定是那个能让你越来越开心的人。

还有人说，真正爱你的人，一定是那个理解并接纳你所有情绪的人。

深以为然。

小时候，父母便教育我们——要做个乖孩子，爱哭闹、爱发脾气都是不好的，都是不对的。

上学后，老师也教育我们——要做个有礼貌、有素养的学生，不能说脏话，要与人为善，要懂得尊重他人。

进入社会了，各路大咖都在告诫我们——要学会好好说话，要懂得控制自己的情绪，要做个喜怒不形于色的成年人。

可是，那些要求我们的人往往都忽略了，每个人都是哭着来到这个世界上的。

喜、怒、哀、惧、爱、恶、欲，这些都是生而为人的本能，也是正常的情绪表达。

作为一个成年人，生存的压力已然让我们活得不那么轻松。

在职场上，我们需要戴着面具应付各种各样的人，尽力做一个他们眼中成熟、靠谱的人。

疲惫了一天回到家后，每个人都想卸下坚强的外壳，做那个真实的自己。

这个自己有七情六欲，想哭的时候会哭，想笑的时候会笑，想发脾气的时候会发脾气，想表达什么都会毫无顾忌地表达出来。

如果在属于自己的空间里都需要伪装，都需要做一个压抑自己情绪的人，那人活得也太累了。

如果把情绪宣泄出来就成了过错，就成了不可理喻、不值得爱的人。那么，这样的伴侣，这样的爱情，是真正适合你的吗?

-03-

一对夫妻结婚二十年来很少吵架，却在孩子考上理想的大学后争吵不断。不久，妻子坚决提出离婚，丈夫最终也同意了。

在外人看来，他们的离婚太出乎意料，太让人惋惜了。而在那位妻子心里，离婚是必然的结果，也是让她倍感轻松的一个决定。

在他们长达二十年的婚姻里，为了给孩子营造一个家庭和睦的氛围，为孩子树立一个良好的榜样，那位妻子一直都在压抑着自己的负面情绪，虽然对丈夫甩手掌柜一般的行为有诸多不满，但都默默忍受着。

曾经，她也想继续忍一忍，凑合着过一辈子算了。

但是，孩子去读大学后，她发现自己根本不想再忍了，也无法再忍了。这种念头越来越强烈后，她和丈夫间的争吵便连绵不断，越吵越激烈。

在妻子的心里，每次的争吵，每次的情绪失控，其实都是希望丈夫能懂得她内心的真实需求，能得到他的重视与理解。

但是，在丈夫看来，妻子和他的每次争吵都是在斤斤计较、蛮不讲理、乱发神经。

一个男人如果只懂得享受女人带给他的好情绪，而不懂理解也不愿意接纳女人的坏情绪，这样的男人，毫无疑问是自私的，这也说明他不够爱你。

一个男人如果真正爱你，他会感受得到你失控的情绪，会明白你心底的失望和渴求。他会懂得从自己的身上去反省，而不是反过来责备你是个不可理喻的神经病。

-04-

世间的情侣几乎没有不吵架的。有吵架，自然就会有情绪失控的时候。

有的争吵会成为增进双方感情的调味剂，让彼此能更深入地了解对方。而有的争吵则只会让双方离感情分崩离析的那一天更近了一步而已。

好的结果与坏的结果，往往不是取决于那个吵得最厉害、情绪最失控的那一方，而是取决于另一方，取决于他是否能理解且接纳伴侣的情绪失控。

那些经历过情路坎坷的过来人后来都会明白——在爱情

里，懂得，比爱更重要。

你希望他下班早点儿回家，是因为他是你最想一起共度晚餐的人；

你希望他把你看得比父母兄弟重要，是因为你也把他看得比父母姐妹重要；

你希望他能分担家里的琐碎，是因为你想他也能体会经营一个家的艰辛，从而更懂得珍惜；

你在外人面前端庄斯文，却唯独会在他面前哭闹、耍小性子，是因为在你心里，他是你最值得信任和依赖的人。

你所有情绪失控的样子，不过是你渴望被理解的样子。

失去他，最失败的并不是你，而是他。因为他失去的是一个爱他的人，而你失去的，不过是一个不够爱你，更不够懂你的人而已。

人的一生会遇见很多人，而能真正懂你、能接纳你所有情绪的人却很少，甚至可遇而不可求。

但是，请你不必沮丧。

请相信——真正懂你的人，可能会姗姗来迟，但永远不会缺席。纵然会永远缺席，你还有你自己，你可以做那个懂自己，并且接纳自己所有情绪的那个人。

请相信，温和的你，发脾气的你，都值得被爱。

人间最累的事，就是要为别人的情绪负责

-01-

家应该是每个人的铠甲，也应该是每个人的软肋。

但在小菲心里，家只是能伤害她的软肋，却并不是能保护她的铠甲。

小菲从小在一个争执不断的家庭中长大，在她的记忆里，父亲和母亲从来没有对彼此和颜悦色过。

“你就是个讨债鬼！要不是为了你，我真恨不得马上走！”这是小菲从小到大听到的最多的一句话。这句话出自她母亲之口。

母亲每次心情不好总会对她说这句话，说得特别顺口、自然。母亲不知道，这句话对小菲来说，就像心被针扎了一样，流着血，成了伤疤。

当别的孩子还是无忧无虑、天真烂漫的年纪时，小菲却已经经历了第一次离家出走。但是，她还没走多远，就被她母亲追赶上了，并把她狠狠地打了一顿。

这之后，小菲没敢再闹离家出走，她只盼着母亲能和父亲

分开，不管让她跟哪一方，她都愿意。这样，她就可以不再是母亲口中的讨债鬼了。

但是，母亲并没有让她如愿。

小菲大学毕业后，不顾母亲的反对，毅然去了离家千里的城市工作。

她每个月都会按时寄钱给父母，但是却很少主动打电话回家，接连两年都是一个人在外地过年——她宁可一个人在异乡品尝孤独，也不愿意回家面对母亲那张苦大仇深的脸。

只是，虽然小菲终于远离了那个家，但每次只要想起母亲，特别是接到母亲的电话后，她总是倍感难受，内心充满了矛盾与愧疚。

-02-

人生不如意之事十之八九。

小菲母亲的人生毫无疑问是不如意的。虽然跟丈夫一直感情不和，但为了孩子，母亲选择痛苦地维持着婚姻。

但是，相比母亲，小菲才是那个最痛苦，也最无辜的人。

因为从小到大母亲都把她当成了情绪垃圾桶，把自己所有的负面情绪都加诸在了她身上，小菲无法做到不受母亲负面情绪的影响。

承受他人的负面情绪是一件很消耗能量的事，而处理好他人抛来的负面情绪更是一件十分不易的事。

每个人都喜欢阳光而不喜欢愁云，远离他人的负面情绪是人的本能。

只是，父母不同于其他人，纵然子女能从空间上远离他们带来的负面情绪，但却很难做到在心理上完全远离。

正如小菲，虽然她选择了去离父母很远的城市工作，能够两年都不回家，但是，只要一想起母亲，只要听到母亲在电话里抱怨的声音，她仍然会感到愧疚和难过。

在小菲的心里，她既厌烦母亲的负面情绪，又觉得自己应该为母亲的负面情绪负责，可又深感自己并没有能力治愈母亲的负面情绪。这种矛盾的心理让她很痛苦纠结，许多个失眠的夜里，她都充满自责，觉得自己是一个不孝女。

然而，小菲真的是一个不孝女吗？并不是。

每个人都是一个独立的个体，都应该为自己的人生负责，父母和子女之间也是一样。

-03-

苏雅家里有姐弟四人，弟弟是家里最小也是家里唯一的儿子，父母从小很宠爱他。

弟弟结婚时，父母要为他买婚房，但是家里经济条件并不怎么好，弟弟自己也没存什么钱，于是父母便要求三个女儿一人出五万，为儿子凑够首付和装修钱，并且不容商量。

苏雅和她的两个姐姐，心里很不满，觉得父母太偏心。

不过，她两个姐姐比她年长不少，如今的家庭条件也不错，所以这五万她们还是拿得出来，也决定拿出来。

但苏雅跟两个姐姐的情况不同，她刚生下二胎不久，家里并不富裕，一下拿出五万，如果不借钱的话根本就不够。

苏雅的老公也觉得岳父岳母的要求很过分，他不同意借钱给小舅子买婚房，并说如果她背着他借钱贴补娘家，那就离婚。

一边是娘家，一边是自己的小家，苏雅左右为难。最后她权衡了下利弊，选择了保护自己的小家，只尽自己的能力，给了父母两万块。

这两万块不光让父母不高兴，弟弟也不高兴，连未来的弟媳得知这事后，也对苏雅这个大姑子也冷冷淡淡的。

钱贴出去了却讨不到一丁点儿好，还成了让这么多亲人不高兴的人，一想到这些，苏雅就觉得自己好似哑巴吃黄连，内心委屈死了，却没法和他们说出来。

像苏雅这样的例子，在现实生活中其实有不少，很多人总觉得家人有义务、有责任满足他们的任何需求。

这些需求表面上看可能是经济上的，但本质上其实都是为了满足他们的需求。

没有人是万能的，没有人能做到事事周全。当你做不到满足他人的需求时，真的不必那么自责、内疚，不要太为难自己。能做到问心无愧，足矣。

-04-

有一个名叫朱尔的小朋友曾写了一首感动很多网友的诗——《挑妈妈》：

你问我出生前在做什么？

我答：

我在天上挑妈妈。

看见你了，

觉得你特别好，

想做你的孩子。

又觉得自己可能没那个运气，

没想到，

第二天一早，

我已经在你肚子里。

每个孩子降临到妈妈肚子里时，大概都觉得自己是幸运的，是幸福的。

长大后，有的孩子开始觉得不幸福，往往都是因为家人不幸福，家人把糟糕的情绪带给了孩子。孩子想拯救家人糟糕的情绪，也想拯救自己糟糕的情绪，但最后却发现束手无策。

但是，最后，孩子会明白，自己并没有义务为他人糟糕的情绪负责，安不安抚他人糟糕的情绪取决于自己的个人意愿，而不是迫于他人的情感或道德绑架。

《金刚经》里这样写道：

人生有八苦：生、老、病、死、忧悲恼、怨憎会、爱别离、求不得。

强求或奢望他人为自己的情绪负责，就是八苦中的求不得；主动或被动为他人的情绪负责，但却发现自己无能为力，也是八苦中的求不得。

求不得是一件自讨苦吃的事，也是人间最累的事。

成年人的生活，都不容易。

活得通透的人对于自讨苦吃的事会选择看淡、放下，因为只有看淡、放下，才是真正地放过自己，也放过他人。

能真实表达情绪的你，很可爱

01

我愿意一辈子陪你哭，陪你笑，陪你疯，陪你闹。

我愿意一起变老，直到牙齿掉光的时候，还能穿着花裙子和你一起聊八卦。

这是安安心目中友情最好的模样。

安安和小叶相识于年少，她们曾一起白衣飘飘地畅谈梦想，一起无所顾忌地分享喜怒哀乐。她们曾见证过彼此遇到爱情时娇羞的样子，也曾见证过彼此失去爱情时狼狈的样子。

在人生最美好的年华，她们是无话不谈的知己。但没想到，在而立之年时，她们之间的关系却产生了微妙的变化。

这个微妙的变化让安安的内心感到失落、伤感。

十几年来，安安在小叶面前一直还是年少时的那个她。她会和小叶分享工作上的一些成就，也会和小叶抱怨生活中的一些不如意，还会和小叶大谈自己对某位明星的喜爱。

她从来不在小叶面前做一个戴着面具的成年人。

而小叶却和安安完全相反。不知从什么时候开始，她在安安面前已经不轻易透露自己的情绪，不轻易让安安走进她的内心。

一直把小叶视为最好朋友的安安，甚至都不了解小叶的生活到底过得好不好，婚姻到底幸不幸福。好多次她尝试跟小叶深聊，但小叶都很明显地转移话题，只肯与她浅聊些无关痛痒、浮于表面的客套话。

小叶的朋友圈也永远只发一些没有什么温度，千篇一律的鸡汤文。而安安却毫不介意把一个真实的自己袒露在朋友的目光里，不时在朋友圈发一些小感悟。

一直到某一天，安安看到小叶在朋友圈里发了一篇文章，主题是关于成年人情绪的表达。看了文章后，安安心里突然感到一阵难过，她强烈地感觉到小叶发这篇文章似乎就是给她看的，就是在告诉她——她们是两路人，她不喜欢自己人到中年却还像个小孩子一样，恣意地表达情绪。

-02-

年少时的友情往往很容易获得——借你一本书，向你讨教一个问题，一句“你好”，一个微笑，就能成为好朋友。

成年后的友情是比爱情更难邂逅的东西。“泛泛之交”随时随地都能遇到，而真正愿意交心的朋友却越来越少。

很多成年人习惯于戴着面具，带着防备之心和人交往，生怕在他人面前暴露自己的软肋，成为他人茶余饭后的谈资。

也有一些成年人，他们觉得经营友情是一件消耗时间和金钱的事，生存的压力已经压得他们透不过气来，他们不愿意再花精力去经营对他们来说近似于“奢侈品”般的友情。

还有一些成年人，他们的心智慢慢成熟后，会有意识地过滤掉与自己三观不合，或是无法给他们正能量的朋友，他们活得理性大于感性。

很多友情就是这么渐行渐远的。

而那些能维持几十年或是一辈子的友情，一定是不忘初心，在彼此面前活得足够真实的人。

他们不会在彼此面前戴着面具，不会用权衡的眼光来衡量这段友情的利弊，这样的人会永远用一腔赤诚的态度去面对彼此。

有一个网友这样说：“自己情绪都压抑着，朋友圈都不敢发，好消息怕别人嫉妒，坏消息怕别人看笑话，这是不是就是成年人的悲哀？”

还有一个网友说：“所谓的成熟就是痛不言、笑不语，感觉灵魂被生活压没了。”

在这个太多成年人都在努力压抑情绪，都在努力扮演一个成熟的人的大环境下，能真实表达情绪的人多么难能可贵。

而拥有一个一直能在自己面前真实表达情绪的朋友，更是人生的幸运。

-03-

曾经看过一篇关于刘嘉玲的采访，在采访中，刘嘉玲聊到了好友王菲。

刘嘉玲回忆起与王菲在一起的一件小事。

王菲有次遭遇了感情挫折，心情不好，约她去喝茶。

两人到了店里后，王菲一直不说话，就这么发呆地坐着，坐了好一会儿。刘嘉玲见王菲不说话，便也很默契地不问，就这么静静地坐在对面陪着她，两个人都没有觉得尴尬。

朋友间最好的相处模式莫过于此。

想哭的时候会在你面前不顾形象地大哭，但不想说话的时候也可以在你面前不说话，而不会担心你觉得莫名其妙，觉得自己被冷落。

因为我知道，你懂我此刻的心情，此刻不想说话的我，便是最真实的我。

你知道，你只要静静地陪我坐着，我的内心便已经得到了抚慰。

刘嘉玲和王菲都是至情至性的人。刘嘉玲说，在她眼里，很多时候，王菲就是个小女孩。

据说她们俩的相识简单而美好。在王菲还叫王靖雯时，两人在电影院里邂逅，刘嘉玲主动跟王菲搭讪：“我很喜欢听你的歌。”

之后，两人便相交至今，成为彼此生命中最重要的朋友。她们之间的友情比起各自的爱情更加稳固，更加让彼此心安。

有一个朋友曾经说，能跟她玩在一起的有两种人：一种是能忍受她发神经病的人，一种是和她一样神经病的人。

这话虽糙，却让人深感认同。

能忍受她发神经病或是和她一样神经病的人，一定都是在彼此面前能真实表达情绪的人，也能接纳对方在她面前真实做自己的人。

这样的人不虚伪，和她在一起不需要设防，不会有心理负担。你们可以在彼此面前做个成熟的大人，也可以做个幼稚的小孩，做对方真正值得珍惜的朋友。

-04-

一直很喜欢范玮琪的那首《一个像夏天一个像秋天》里的歌词：

第一次见面看你不太顺眼，

谁知道后来关系那么密切。

我们一个像夏天一个像秋天，

却总能把冬天变成了春天。

你拖我离开一场爱的风雪，

我背你逃出一次梦的断裂。

遇见一个人后生命全改变，

原来不是恋爱才有的情节。

如果不是你，

我不会相信，

朋友比情人还死心塌地……

真正的朋友，一定是如范玮琪歌中所唱的那样——“比情人还死心塌地”。爱情是灯，友情是影子，当灯灭了，你会发现你的周围还有影子。

朋友，就是那个在你伤心难过的时候，可以给你安慰和力量的人；

朋友，就是那个当全世界的人都觉得你是在小题大做时，懂得你为什么会哭得如此歇斯底里的人。

在友情的世界里，去做那个能真实表达情绪的人吧。

懂你的人会懂你所有的情绪，会接纳你所有的情绪，会觉得成熟的你、幼稚的你、哭的你、笑的你，都是如此可爱。

而不懂你的人，不必伤感，不必强求，就让他或她远去吧，毕竟他或她曾陪你走过了一段纯真的岁月。

往后余生，各自做自己，也是对这段渐行渐远的友情最好的交代。

要相信你的敏感，是上天给的礼物

-01-

你是否有过这样的经历：

被公司领导批评了几句，心里会耿耿于怀，惴惴不安很久；

被男朋友偶尔忽略了下，心里便怀疑他是不是不在乎自己；

和他人发生争吵后，事后总觉得自己当时回击得不满意；

听到亲戚朋友或同事的一些无心之谈，总觉得是在暗指自己；

不大喜欢热闹喧哗的场合，就算表面和他人打成一片，内心也觉得是孤独的；

容易多愁善感，情绪容易起波动，有时会被别人说“玻璃心”……

如果你有这些困扰，说明你拥有敏感的性格特征。

一位90后女网友说：她一直很受敏感性格的困扰，总觉得公司领导不喜欢她，男朋友不够在乎她，亲戚、朋友和同事都觉得她性格怪异，不好相处，她觉得自己的整个人生都很糟糕。

她很想改变这种让她觉得糟糕的状态，但是江山易改，本性难移，她发现自己越想改变，反而变得越敏感，活得越不开心。

这位网友的心情，相信不少人曾经历过，甚至此刻正在发生着。

拥有敏感性格特征的人，他们的疼痛阈值相对较低，对细节的感知能力特别强。无论是在工作还是生活中，很容易因为一点小事就引发一些情绪，比如伤心、愤怒、悲观、焦虑，等等。

很多人把敏感看成是一种性格缺陷，认为它只会给自己和他人的生活带来负面的影响。所以，他们会像这位网友一样，试图改变它。

但是他们最后往往发现，越想改变它，越容易让自己变得更加敏感，越容易压抑自己。

-02-

有人曾做过调查，调查结果显示我们身边每五个人中，就有一个人拥有敏感的性格特征。敏感的人并不是一个特殊的群体，更不是一种病态，而是一种很普通、很大众的存在。

存在即合理。

著名心理学家荣格说："敏感可以极大地丰富我们的人格特点，只有在糟糕或者异常的情况出现时，它的优势才会转变成明显的劣势，因为那些不合时宜的影响因素让我们无法进行冷静的思考。"

敏感的人拥有着发达的神经系统和非常活跃的想象力，他们心思细腻，能捕捉到更多的信息。

像世人熟知的一些著名艺术家——贝多芬、凡·高、徐悲鸿等，他们都是敏感性格的人。还有文采出众的才女明星伊能静，她也是一个敏感性格的人。

伊能静说："敏感的人不是错，相反，敏感的人应该爱上自己内在被赋予的敏感，并且勇敢地让世界知道。"

所以，对于敏感的人来说，最需要的并不是改变自己，而是认识自己、接纳自己，找到让自己舒服的方式，让自己成为一个可以操控敏感情绪而不是被敏感情绪操控的人。

要知道，不是情绪决定认知，而是认知决定情绪。

敏感的人，最应该学会的是停止内耗，不浪费精力伪装自己，为难自己，去迎合大众，变成大众眼里期待的样子。要勇敢做自己，并让世界知道你是什么样的人；要相信这个世界上总有一些懂你的人，欣赏的正是那个真实的拥有敏感性格的你。

-03-

我读初一时有一个同桌，她在一个重组家庭长大，上有姐姐，下有弟弟和妹妹。

同桌在她家里经常是被父母忽视的那个，小小年纪的她因为缺爱，也因为家里贫穷，内心特别敏感，表现得很不合群。

因为她个性孤僻，成绩也只是中等，其他方面好像也没什么特别出众的，在学校里老师和同学们也一直挺忽略她。她也似乎习惯了自己永远只是个默默无闻、不讨人喜欢的存在。

一直到后来，因为一件小事我和她成为朋友后，才慢慢了解到这个默默无闻、毫不起眼的同桌。她其实是一个“宝藏女孩”，是一个值得一辈子深交的朋友。

有一次，天气突然变凉了，她没有带厚衣服，我便把自己的一件外套借给她穿。开始她有点儿不好意思，不肯穿，在我的坚持下才终于肯穿上。

中学毕业后，我读了高中，她因为要帮补家计，于是进入社会打工。第一年，她用打工存下的收入买了一块在当时并不算便宜的手表寄给我。

这块手表是我人生中收到的第一份最有意义也最让我感动的礼物。

在后来的几年里，她还给我写了好多封信，在这些来信里，我才发现原来她的文采如此好，感情如此细腻，无论自己的生活多么不如意，她从来不吝啬于给朋友温暖和关怀。

经历过世态炎凉后，她一直让我坚信——这个世界上，总有一些信仰是值得去坚持的，总有一些人是值得去珍惜的。

所以，敏感真的不是一种性格缺陷，对于真正懂她的人来说，反而是一种财富。

敏感的人具有高度的共情能力，拥有丰盛的内心世界。这样的人或许不会轻易和别人成为朋友，不会轻易对别人交心，但是，他或她一旦和你交了心，便会毫无保留地把自己最真挚的感情交给你，成为最懂你的那个人。

-04-

在现实生活中，敏感的人往往追求完美，对自己的要求比较高，所以总是容易感到心累，感到生活有诸多的不如意。

要想改善这种消耗自己能量的状态，让自己和这个世界和平相处，敏感的人要学会这两点：

首先，要学会断舍离，不苛责自己事事做到完美。

比如，一些无聊的社交活动，大可不必浪费精力去参加，一些不健康的、只会消耗自己能量的人际关系，要懂得及时止损。

在工作和生活上，和一些不得不打交道或是必须要打交道的人，要保持礼貌和应有的界限感，把握深聊和浅聊的主动权，避免成为他人的情绪垃圾桶。

最重要的一点是——无论当时你的表现是否让自己或他人满意，都不必在事后纠结，反复回想自己有哪些行为欠妥当，哪些话没说好。

要知道，能让所有人都满意的社交高手，终究是凤毛麟角。所以，你没必要去苛责自己，去和那些在你看来能力特别优秀或情商特别高的人比较。

第二，当你感到负面情绪袭来时，要懂得找到让自己最舒服的方式待着。

敏感的人总是能感知到更多的信息，容易受各种信息的困扰。

比如，一个经常被家人催婚的性格敏感的女孩，她只要接到父母的电话，或是只要在朋友圈看到别人发关于相亲或是催婚类的文章，就会感到焦虑、烦躁。

这个时候，她需要找到让自己最舒服的方式独处，比如做做家务，听听音乐，或是外出散散步等方式，以此来转移自己的注意力，让大脑处于一种放松的状态。

当你懂得让大脑如何去放松，你心中的焦虑感等负面情绪自然就会减轻，甚至消失。

所以，敏感的人大可不必为自己的这个性格特征而苦恼，更不要盲目地试图改变，而是要学会去适应它，去和它友好地相处。

当你学会接纳自己，珍爱自己，与敏感的自己友好相处时，你会发现，敏感是上天赐予你的最珍贵的礼物。

这个世界已经有太多刻板、麻木的人了，就让自己敏感地活着吧。

要相信，在你未来人生的某些时刻，敏感的特质一定能给你美好的回馈，让你绽放光芒，熠熠生辉！

Chapter 9

你任性妄为，只因为相信了爱情

孤单太久的人，有一点点甜就好

-01-

我想我会一直孤单，

这一辈子都这么孤单。

我想我会一直孤单，

这样孤单一辈子……

每次听刘若英的这首歌，橙子的心里总会泛起淡淡的伤感。

自从和初恋男友阿轩分手后，她便一直把这首歌设置成手机铃声，似乎弹指一挥间，又仿若过了漫长的几万年，这首伤感的歌已经陪伴了橙子一千多个日夜。

在这一千多个日夜里，橙子似乎习惯了一个人。

一个人坐地铁上班，一个人坐地铁下班，一个人吃饭，一个人逛街，一个人看电影，一个人回家，一个人做家务，一个人听音乐，一个人睡觉，一个人做梦……

偶尔，一个人去参加丝毫不能让她心生雀跃的相亲。

一个人，活成了一支队伍。

这其中的心酸，没有经历过的人，很难感同身受。

一个乍暖还寒的春日，是橙子的生日，阿轩突然出现在她面前，看着她的眼睛说了一句：“好久不见，生日快乐！”橙子平静了很久的心突然泛起了一丝涟漪。

短短三年时间，阿轩从橙子的前男友变成了另一个女人的丈夫，再变成了那个女人的前夫，最后又变成了橙子的追求者。

三年的时间，阿轩从一个阳光的大男孩变成了一个略显沧桑的男人。

在拒绝了阿轩两次约会请求后，第三次，橙子答应了他。重逢后的第一次约会，他们去了以前恋爱时常去的一家特色小餐厅。

物是人非景依旧。片刻的尴尬后，这对故人逐渐找回了一点熟悉的感觉。

这晚，终于有人送橙子回家，有人站在她面前，和她恋恋不舍地道晚安。这晚，听着刘若英那首孤单的歌，橙子的内心不再觉得孤单。

第六次约会时，阿轩向橙子正式表白，希望她做他的女朋友。第七次约会时，她正式答应了他，愿意和他谈一场“不念过去，不畏将来”的恋爱。

-02-

然而，橙子没想到，她和阿轩的复合，几乎被所有人不看好。

在另一个城市的闺密直言不讳地说，离异过一次的阿轩，已经配不上橙子，橙子应该值得更好的。几个关系亲近点的女同事也会在偶尔的闲聊中有意无意地提醒她“好马不吃回头草”……

曾经，那个在朋友眼里宁可一直单身，也不愿意对爱情将就的橙子，如今在她们的眼里似乎成了一个任性、冲动，被爱情冲昏头脑的傻姑娘。

自己的爱情得不到朋友的祝福，橙子的内心觉得很难过。但是，她并不想放弃和阿轩失而复得的感情。

当初，她和阿轩在一起时，两人都不懂得经营爱情，分手对两人的打击都挺大。

如今，虽然阿轩中间经历了一次失败的婚姻，而她却没再谈什么正式的恋爱，但是，她并没有觉得心里不平衡，并没有觉得阿轩配不上她。

只是，闺密和女同事的一致不看好，让橙子无法做到毫不在乎。夜深人静时，她有时也会忍不住感到失落，觉得这个世界上似乎没有人能懂她。

橙子的心情，我能理解。

就好比一个小女孩和一个不受欢迎的小男孩玩，别的小伙伴见到了，都很鄙夷地对她说：“咦，你怎么跟他玩啊？”

无论是大人还是小孩，都渴望得到他人的认同和理解。

渴望被认同、被理解是生而为人共通的心理需求，这个需求无可厚非。

但是，你要知道，这一生，你所做的每件事，不可能被所有人认同，被所有人理解。

你要允许别人不认同，不理解。

同时，你更要学会自己认同自己，自己理解自己，自己支持自己，自己做自己一辈子的知己。

-03-

我有一个叫小雅的朋友，她21岁大专毕业出来工作，一直到31岁，整整十年她都没有正经地谈过一场恋爱。

其实并不是她不想谈，而是总没有遇到聊得来的。

在所有亲戚朋友的眼里，小雅是一个特别挑剔的女孩，她年年回家过年都被催婚，甚至还有些年长的人倚老卖老地嘲讽她。

31岁那年，小雅和一个认识才半个多月，各方面条件看起来都特别普通的相亲对象闪婚了。

这事又让小雅成了不少闲人茶余饭后的谈资，嘲笑她现在知道自己年纪大，“贬值”了，所以才这么急匆匆地随便找个男人嫁了。

迟迟不结婚被别人议论，终于结婚了还是被别人议论。小雅从始到终都是淡然处之。无论是过去十年的坚持单身，还是十年后的闪婚，都是小雅遵从自己内心的决定。

其实是因为在相亲前发生的一件小事，让小雅强烈地产生了想结婚的念头。

一天，小雅一个人去超市购物，买好两大袋东西出来，发现原本晴朗的天空竟然下起了瓢泼大雨，看雨势一时半会儿还停不了。

她只好提着东西站在超市门口等雨停，在等雨停的期间，她发现有一个女人和她一样提着东西站在超市门口，但她不是等雨停，而是等别人送伞。

当看到一个男人撑着一把伞过来，而那个女人笑靥如花地挽着男人的胳膊一起离开时，小雅的眼睛湿润了，结婚的念头就是在那一刻产生的。

没多久，她便认识了现在的老公。她老公确实很普通，但是，他却在对的时间出现在了小雅的生命中。

所以，和他结婚，对外人来说或许速度太快，但是对小雅来说不早也不晚。天时、地利、人和，三者皆备，就像命中注定一样自然。

她不介意外人的不理解，因为她理解自己就好。她能为自己做的这个决定承担可能会出现的各种结果。

懂得理解自己的小雅，是幸运的。

她的老公虽然其貌不扬，不会说什么动听的情话，家里条件也很一般，但是对小雅却特别好，给了她足够的关心和体贴，他们婚后的日子过得平淡而幸福。

-04-

生活中总有一些“好事者”喜欢跟我们说“好马不吃回头草”，告诉我们“理智的人不会轻易闪婚，孤单时爱上的人不是那个对的人。”

道理其实谁都懂，但生活绝不是仅仅靠遵从一些所谓的道理就一定能过好的。

生活，是一种经历；幸福，是一种感受；爱情，更是一种很玄的东西，根本没有固定的套路。

假如不是当事人，那么，谁也无法真正体会那些孤单了太久的人心中的荒芜和苍凉。

在她们冷傲独立的外表下，藏着的其实是一颗无比柔软敏感的心。她们往往只需要那么一点点正好符合她们口味的甜，就能让她们的心融化。

没有人真的愿意孤单太久。虽然不喜欢，有些人却还是选择了这样的生活模式，不过是因为害怕失望罢了。

她们害怕把自己的心交给另一个人，结束这种孤单的生活，结果可能比一个人的生活还要孤单。这样的她们，实在让人心疼。

而那些无论前路如何，无论是否会得到他人的理解，有勇气结束孤单，只遵从自己内心的姑娘，她们是让人钦佩的。

那些孤单了太久，遇到了一点点甜就知足的姑娘，她们，其实是爱情里的英雄。

她们心里明白，自己的选择能造成的结果，最好不过“余生只有你”，最坏不过“余生全是回忆”。最好的结果自然是她们期待的，而最坏的结果，同样可以让她们成长。

生活，本就是一个不停地让人失望，又让人重新充满希望的轮回，在失望和希望中，一个人将不停地成长。

为了幸福的希望而勇敢听从内心的人，你们值得被理解。

我不要天上的星星，只想要一点世间温暖

-01-

红颜弹指老，刹那芳华。

我只想在年轻的岁月里，能被我所爱的人尽早发现，细心收藏。

免我惊，免我苦，免我无枝可依，免我颠沛流离。

作家匪匪描写的这种爱情，曾是乐乐向往的。她曾经一度以为自己遇到了，但现在，她却又开始感到迷茫。

乐乐和男友阿斌是高中同学，也是彼此的初恋。两人从小都在单亲家庭长大，不过乐乐的父母是离异，而阿斌则是少年丧父。

因为相似的成长经历，两人一直惺惺相惜。

高中毕业后，两人走上了不同的人生道路，阿斌去了外地读大学，乐乐则在家乡小城参加了工作，但好在他们的爱情一直维持着。

阿斌读大学期间，虽然生活费主要靠自己做兼职赚得，但是这几年他每个季节穿的衣服都是乐乐很贴心地提前买好寄给

他的。

对于乐乐对自己几年来的嘘寒问暖、关怀备至，阿斌心里很感动，也很感恩。他曾发誓，这辈子一定要让乐乐过上富足而幸福的生活。

大学毕业后，阿斌在一家大公司做了一名销售。几个月后，他把乐乐也接了过去，两人终于结束了异地恋，过起了朝夕相守的生活。

七年的感情终于盼来团圆的结果，乐乐心中的喜悦无以言表。她觉得自己很幸福、很幸运、很有眼光，爱上了一个能给她幸福的男人。

然而，这种幸福喜悦的感觉，对乐乐来说却如烟花般，不过是一刹那的绚烂。

-02-

阿斌是一个事业心特别强的人，他每天的工作特别忙，到全国各地出差是常态。乐乐过来后，他仍然保持着这种状态。

有时，乐乐过生日或是情人节等特殊的节日，他也没时间陪她过，而是直接转账给她，让她自己去买点想买的东西。

短短三年，阿斌在一线城市买了一套房子。在外人眼里，甚至在阿斌自己的眼里，他都觉得自己是一个很有责任心、很靠谱的男人。

但是，这样一个眼里只有工作的男人，带给乐乐的却只有物质的宽裕，并没有精神满足。

乐乐细数了一下，这几年她和阿斌坐在一起好好吃顿晚餐、好好聊聊天的次数屈指可数。只有乐乐自己心里清楚，这几年她过的不过是一种“丧偶式”的生活。

她跟阿斌说过数次，希望他能稍微不用那么拼，但阿斌总是以一句“我这么拼，就是想让你过上更好的生活”回她。久而久之，她丧失了和阿斌继续沟通的欲望。

因为双方家长不停催婚，阿斌也觉得房子有了，结婚所需的物质基础也具备了，就买了钻戒向乐乐求婚。

然而，原本应该高兴的乐乐却犹豫不决，一直没有给阿斌正式的答复。

她爱阿斌，她也相信阿斌对自己的爱情是真诚的。但是，和一个爱她却不再懂她的男人在一起，乐乐并没有感受到她想要的幸福。

虽然住在这个装修精美，足有一百多平方米的房子里，但每晚下班回来，却总是自己一个人长时间独处，乐乐从来没有感受到家的归属感。

如今，她和阿斌的关系一直处于一种不明朗的胶着状态。见乐乐不给自己明确的答复，阿斌问了一次后并没有再催她，对她的态度似乎也冷淡了一点。

倒是乐乐的父亲急了，他打电话训斥乐乐，说阿斌这么年轻就有能力在大城市买房子，能嫁给他是她的福气，叫她千万不要不知好歹。

-03-

在不少人的观念里，特别是不少从苦日子过来的那一辈人眼里，女人如果能嫁给一个经济条件好的男人，就能称之为嫁得好。在不少男人的心里，他们也是这么认为的。

他们觉得自己努力给女人创造好的物质条件，让她过上经济富裕的生活，就是爱她最好的方式。

这样的男人，不可否认，确实可以称得上是个有责任心的靠谱的男人。

但是，人是有思想、有感情、有精神需求的高级动物。

爱情的本质，应该是互相满足彼此的精神需求。

工作赚钱的目的应该是为了过上高质量的生活，而这个高质量，绝对不仅仅是物质上的，更应该是精神上的。

有人说过，最好的爱，不是用你喜欢的方式去爱她，而是用她喜欢的方式去爱她。

深以为然。

她喜欢吃苹果，而你却买了一箱樱桃；

她喜欢和你一起在家做顿粗茶淡饭，而你却在外应酬后给她打包一堆山珍海味；

她喜欢你陪着她一起牵手散步看黄昏，而你却只甩给她一张信用卡。

也许，你对她物质上的大方会让她觉得感动，但感动中一定也夹杂着失望与落寞。因为她会觉得你不再愿意花心思去了解她、陪伴她，不再觉得她的心理需求是重要的。

在你的心里，爱与钱几乎画了等号，你认为爱是可以用钱来满足的。

这样的爱，也许对那些特别重视物质需求的女人来说是梦寐以求的。但是，对那些真正相信爱情，对爱情保持信仰的女人来说，一定不是最稀罕的。

-04-

有位作家说过这样一句话："年轻人，应该先谋生，再谋爱"。

我很认同这个理念。

如果爱情在你谋生的阶段来了，你要去做的，并不是把它赶跑，而是应该在谋生的同时好好经营它。

一份好的工作，一份有前途的事业，只要努力，很多人都能得到。但一个真正爱你的人，却是可遇而不可求的。

因为爱你，才会在乎你的陪伴。

因为爱你，才希望你能了解我的想法——我不要天上的星星，只想要一点世间温暖。

而这个温暖，我希望能给予我的人，恰恰是你，并且一直是你。

情侣也好，夫妻也好，能够让两人关系越来越稳固的，一定是用最温暖的爱，以对方最需要的方式去滋养彼此。

房子要想变成让女人有归属感的家，那么这个房子里的厨房一定是有烟火气的，餐厅一定是有欢笑声的，卧室一定是有两个人体温的。

否则，房子永远只是一个让身体暂时休憩，而灵魂无法安放的客栈而已。而客栈里的那对男女，终有一天会分道扬镳，成为彼此生命中的过客。

尼采说：

每一个不曾起舞的日子，都是对生命的辜负。

工作再忙，应酬再多，压力再大，也请偶尔停下来，看看生活的烟火，看看伴侣的脸上是否还散发着幸福的光彩。

不要明明很努力，却让自己的人生渐渐失去最珍贵的东西。

余生，愿珍惜当下，珍惜那个“渴望与你立黄昏，愿意问你粥可温”的他或她。

所有的无理取闹，其实只是想要一个拥抱

-01-

爱情里最难过的，不是没有和爱的人修成正果，而是爱的人根本不懂我。

这两句话正是小秋现在的心情。三天前，她和相恋了两年的男友大雄刚刚分手。

分手是小秋提出来的。在大雄看来，自己没犯什么错，小秋无事挑事地和他提分手，简直就是不可理喻。所以，他也一气之下同意了。

自己不可理喻吗？

小秋问自己——答案是否定的。所以，她觉得心里异常难受、委屈。

她和大雄的相识其实是挺美好的。

他们两人相识在一次同乡聚会上，当时小秋觉得大雄唱歌很好听，便对他心生好感。

或许是心有灵犀，唱歌好听的大雄竟主动邀请了唱歌水平一般的小秋合唱了一首情歌，自此，两人陷入了热恋。

刚开始交往时，两人你侬我侬，感情很甜蜜，眼里只看得到对方的优点，都忽视了对方的缺点。

但在一起后，矛盾便开始逐渐浮出水面。

大雄特别热心肠，不懂得拒绝异性的要求，哪个女同事要蹭他的车坐，或是让他帮忙接送什么人，又或是买什么东西修什么东西，他总是很随和地就答应。

这点让小秋心里很是介意。她觉得大雄和异性交往缺乏界限感，这让她心里很没有安全感。

她经常为这些事和大雄闹别扭。起初，大雄总是和她讲一番大道理，但这些解释对于小秋来说苍白无力。虽然她知道，大雄应该不至于背着她做什么越轨的事，但难保那些受他帮助的女同事不会产生不该有的念头啊！

后来，大雄解释得多了，也觉得累了，便也懒得解释了。

前几天，他去一个离异的女同事家帮忙修电脑，修好后被女同事留在家里吃了顿便饭。终于，小秋心底的火山爆发了，她和他歇斯底里地吵了一架，随即提出了分手。

-02-

男人和女人是两个天生不同的物种。

男人总是偏理性，喜欢就事论事，喜欢和女人讲道理；而女人生性柔软敏感，心思细腻，比起讲道理，更看重的是对方的态度。

因为男女思维方式的不同，所以在两性相处中，矛盾与摩擦是难以避免的。

对于女人来说，真正宝贵的从来不是那些道理，而是希望有一个人能真正懂自己的人，对自己温柔相待，给自己足够的安全感。

有时候，女人会因为一些意见分歧而和男人吵架，或是因为一些不开心的事而向男人抱怨。这时，男人认真倾听的态度才是最重要的。

如果你能耐心倾听她内心的声音，你就会知道，她并不是一个不通情达理的人，不是一个无理取闹的人，她只是因为你不懂她的心而抓狂。

很多时候，让女人争吵的并不是问题本身，抱怨的也不是事件本身，她需要的只是对方重视她的态度，需要的是一个安慰、一份肯定。

女人大多都会比较情绪化。有时候，她会突然不理你；有时候，她会变得莫名其妙；有时候，她会变得毫不可爱。

这时候，男人一定要理解，此时在你眼里毫不温柔懂事、毫不美好的她，往往是处在最脆弱，最需要慰藉的时刻。

如果此时，她叫你离她远点儿，你千万不要傻傻地照做。因为她内心真正的潜台词是“快过来抱抱我”。

只有你的拥抱，才是治愈她内心那些负面情绪最好的良药。

-03-

知乎上有一个问题：有一个无理取闹的女友是什么感觉？

有一个网友是这样描述的：

她会因为特别低级的问题和事情跟你吵。比如，你走路走她后面，她会无缘无故地生气，说你跟条狗一样跟在后面干吗。

她喜欢抠字眼，我说话都是想好久再说，有时候说着说着，她就莫名其妙地发火。

她还会打人，我越求她，她打得越来劲，打到趴在地上起不来的那种。问我为什么不还手？因为我不舍得打她，打在她身上，痛在我心上。

想跟她好好谈下吧，她就会说：“我就喜欢把你给我的不开心，在你身上体验一遍，可能是你给我的2倍或是10倍，但是绝不可能比你给我的少。”

有时候，我都不知道，我跟她在一起是在干吗，找虐吗？

我想了想，可能还是爱，放不下吧。

在感情的世界里，没有无缘无故的爱，也没有无缘无故的恨，自然也不会有无缘无故的无理取闹。

你觉得她是在无理取闹，其实是你还不够了解她。

她只有在对你抱有不满或是心里有委屈，但是又不好意思直接说出来的时候，才会用无理取闹的方式表达出来。

比如知乎上这位网友，在他看来，女朋友就是在无理取闹，让他丈二和尚摸不着头脑。

其实，稍微有点儿恋爱经验的人就能感受到他的女朋友为什么生气。她不过就是想让男朋友牵着她的手，或是揽着她的腰，两个人一起并肩走，因为这才是亲密的情侣该有的样子啊！

所以，看吧，其实女人的无理取闹，多数是因为男人不懂得女人的小心思而已。

不过，这位网友的女朋友还算是幸福的吧。因为她这个不解风情的男朋友，最起码心里清楚——无论女朋友怎么无理取闹，他还是爱她的。

-04-

很多女孩心中都藏着一个公主梦，希望被心爱的人无条件地宠爱，希望成为心爱的人的唯一。

她像个天真任性的孩子一样，放肆地向你笑、向你闹、向你哭、向你叫，因为她的眼里只有你，她也希望你的眼睛永远只追随着她。

她所有的无理取闹，其实只是想要你的一个拥抱，让她能感受得到你的心跳，让她能笃定——你是她一辈子可以信赖的依靠。

她无理取闹的程度，其实取决于她爱你的程度。因为爱得深，爱得真，才会闹得凶，闹得狠，闹得歇斯底里。

如果爱她，请不要问她："你到底想怎么样？"更不要责怪她——你真是个无理取闹的女人。

你要对她说："亲爱的，我知道你这样，都是因为爱我。"

很多时候，只要换一种方式，就能化干戈为玉帛，就能让爱情更好地绽放光芒，就能消除她心中所有的不安和不满。

就像一首歌词里唱的：

爱我，你就抱抱我；爱我，你就亲亲我。

懂得在她无理取闹的时候给她一个表示理解与让步的拥抱，将爱的能量传递给她，这是一种共情的智慧。

此刻，如果她就在你身边，如果上一秒她气呼呼地和你争吵，请不要吝啬，给她一个温暖的拥抱吧。

请相信，下一秒，她就能与你和好。

你要爱上一个心里有光的人

-01-

“近朱者赤，近墨者黑。”

靠近心里没有光的人，生活只会一片灰暗。

朋友美娜离婚了，婚龄还不满三年。那些曾经见证过美娜婚礼的亲朋好友们为此都唏嘘不已。

美娜和已经成为前夫的程先生是大学同学，从同窗到夫妻，多少人梦寐以求的爱情，他俩真的实现了。

然而，爱情是美好的，婚姻却是残酷的。

婚后一年，美娜生下了儿子，因为双方老人都不方便过来带孩子，她不得不成了全职主妇，每天的生活忙忙碌碌，并没有因为孩子的到来而充满喜悦。

一个人要挑起一家三口的担子，程先生感到身上压力倍增，便萌生了创业的念头。美娜思想比较保守，担心程先生没有创业经验会亏本，到时家里的经济压力更大，所以不支持他创业。

但程先生自打创业的念头萌生后，便没有了继续上班的热情。最终，他不顾美娜的反对，毅然辞掉了工作，和一个朋友合伙开了一家小公司。

公司成立后，程先生变得异常忙碌，每天都忙着谈业务，喝酒应酬，家务事一点都帮不上美娜。美娜心中自然有不少怨言，但因为全靠程先生赚钱养家，她便总是忍着，一个人默默承受着带孩子的艰辛。

创业半年后的一天，总是忙忙碌碌却没多少钱拿回家的程先生垂头丧气地告诉美娜，创业失败了，自己不仅血本无归，还欠了一屁股债。

听到这个消息，美娜心中的焦虑远远大于愤怒。她没有指责程先生，给他雪上加霜，而是安慰他，就当花钱买经验，鼓励他继续奋斗，以后总会创业成功的。

得到老婆的安慰与鼓励，程先生沮丧的心情似乎好转了一些。他准备出去找工作还债，然而，当过老板的他已经很难有一颗平常心去做一个普通打工者了。

-02-

四个月里，程先生换了七份工作，每份工作都是连试用期都没有过，他就不肯再去了。

他不是嫌工作环境差，就是抱怨老板差劲，甚至，有时候任何理由都没有就不肯再去上班。总之，他就是很随性，说不干就不干了。

这四个月里，美娜感觉日子过得特别煎熬，一分钱恨不得掰成两半用。她很想出去工作赚钱，奈何孩子还小，连奶都没有断，确实是有心无力。

接连换了七份工作后，程先生没有再出去找工作，每天宅在家里打游戏、睡觉，偶尔逗下孩子，一副怀才不遇、过一天算一天的样子。

这样的程先生让美娜心里很失望，她很抓狂，也劝过程先生多次，让他再出去面面试、找找工作。

程先生刚开始还敷衍她，再后来，他甚至连敷衍都不愿意，直接不出声，该打游戏还是打游戏，该睡觉还是睡觉，完全当作没听到美娜的话。

如果不是怕吓到孩子，很多次美娜都恨不得把程先生狠狠地大骂一顿。

程先生不着急工作赚钱，美娜却不能不着急。眼看着孩子满一岁了，得断母乳开始喝配方奶粉了。作为父母，连奶粉钱都快拿不出来，美娜心中的愧疚简直无法形容。

最终，美娜决定自己出去工作，把孩子交给程先生带，反正他每天也是闲在家里，就当是“废物利用”吧。

程先生对于美娜的决定没同意也没反对，他那张麻木不仁的脸上丝毫看不出情绪的波动。美娜看着他那张脸，心简直快要沉到谷底。

在她出去工作的日子里，家里一片狼藉，孩子身上总是脏兮兮的不说，额头上和腿上还总是有大大小小摔伤的淤青。

什么事美娜都可以忍，唯独孩子的事她无法再忍。

这种每天奔波劳碌，一个人拼命撑起一个家却丝毫看不到生活的希望，只能更加失望与抓狂的日子让她心力交瘁。终于，她向程先生提出了离婚。

-03-

美娜提出离婚的时候，程先生没有丝毫的悔悟，仍然是头也不抬地一边打游戏，一边平静地说了一句："你不就是嫌我穷吗？"

"是，我就是嫌你穷，嫌你心穷，嫌你的心是一个无底的黑洞，老婆孩子都照亮不了你！"

努力以平和的语气说出自己心声的美娜，终于还是委屈得泪流满面。擦干眼泪后，她带着孩子，毅然离开了这个颓废的男人，重新开始了自己的人生。

我们每个人都在人生的路上兜兜转转地摸索着，磕磕绊绊地成长着。

成长让一些人变得坚强沉稳，也让一些人变得冷漠麻木。

有些人逐渐学会了不再为得不到某件东西或某个人而哭

泣，也不再为得到某件东西或某个人而欣喜，他们努力成为一个喜怒不形于色的人，不让自己的情绪写在脸上，不让别人看到他们心里的脆弱与苦楚。

然而，情绪是需要流动的。只有让情绪宣泄出来，才能不让垃圾情绪留存，才能腾出空间让希望之光照进来，才有机会让自己的心灵得到滋养。

即便你心里的那个洞很深很黑，只要你愿意，也可以让光照进去，一点点把黑洞填满。

等到完全修复后，你就有力量建立属于自己的光芒。当你可以照亮自己时，你就不再冷漠与麻木，你会变得温暖而充满力量，就可以用自己身上的光去照亮身边的人。

只有让自己成为一个心里有光的人，才能感应到世界的绚丽多彩。

只有让自己成为一个心里有光的人，才能与真正的有缘人相互照亮。

-04-

我曾在网上看到一个萤火虫和小兔子的童话故事，这个故事让我身为一个成年人都大为感动：

小兔子和萤火虫在森林里玩耍，一个地上跑，一个天上飞。

萤火虫的光越来越弱了，她害怕地说：“如果有一天，我不发光了，你还会爱我吗？”

小兔子指了指天上，笑着说：“没事，我们还有月亮。”

第二天，阴天，没有月亮，萤火虫很难过。

小兔子指了指天上，笑着说：“没事，我们还有星星。”

第三天，阴天，既没有月亮，也没有星星，萤火虫很难过。

小兔子突然从身后掏出一块小蛋糕，点上了蜡烛，笑着说：“许个愿望吧！”

第四天，阴天，没有月亮，没有星星，也没有蜡烛，萤火虫很难过。

小兔子从口袋里掏出一个荧光笔，在每一棵树上都写满了“我爱你”。

第五天，下雨，树上写的荧光字都没有了，萤火虫在一个树洞里等着小白兔，可是小白兔没有来，她有点儿伤心了。

小白兔站在树下，身边有一个大大的行李包，他抬着头喊萤火虫，萤火虫从树洞里探出小脑袋。

小白兔笑着说：“走，带你去看极光。”

萤火虫开心地笑了，尾巴上的光一闪一闪的，就像漫天的小星星。

心里有光的人，无论多黑的夜，他都能发现光，找到光，追寻光。

爱上这样的人，或是被这样的人爱上，是一件多么幸福而幸运的事。

因为他会陪你度过生命中那些灰暗的时光，让你不再沮丧，让你对世界充满希望。让你变得和他一样，也成为一个心里有光的人，既能照亮你自己，也能温暖他。

只有爱上一个心里有光的人，岁月才能生辉，世界才能温软，灵魂才能安好。

心里有束光，眼里才能有片广阔的海。

Chapter 10

热情很脆弱，禁不起一次次忽略

我不敢靠近你，你那么受欢迎

-01-

《大话西游》里，紫霞仙子有一句经典台词：

我的意中人是个盖世英雄，有一天他会踩着七色云彩来娶我。

崔静曾经也像紫霞仙子一样，心里有一位盖世英雄般的意中人。柔和的月光倾洒在房间的某些夜里，她曾幻想着这位意中人有一天可以踩着七色云彩来娶她。

但是，崔静的幻想并没有实现。

曾经，她甜蜜地回味过许多遍和向先生相识的情节，每次回味时，她总是忍不住嘴角上扬。

两年前的一个秋夜，崔静刚和异地的初恋男友分手，一个人在一家KTV（提供唱歌服务为主的娱乐场所）小包厢里嘶吼。唱了二十多首歌，灌了好几支啤酒的她，头重脚轻地离开KTV，独自游荡在街头。

看着这座熟悉而陌生的城市，看着霓虹闪烁、万家灯火，崔静的心孤寂到了深海里。

浓浓的酒意伴着心中的悲伤与失落，胃里如巨浪般翻腾，她蹲在马路边，像要把心事全部掏空般拼命地呕吐着。

在崔静的人生中最狼狈的时刻，这个留着小胡子，男人味十足的向先生出现了。

他递了两张纸巾给崔静，默默地等她擦完脸上的眼泪、鼻涕和嘴角的呕吐物后，又从车上拿了一瓶矿泉水给她漱口。等崔静收拾完之后，他又坚持送她回家，说一个女孩子这么晚在街上不安全。

崔静不认识向先生，自然不好意思坐他的车。

向先生笑着告诉崔静不要担心，他们在同一幢楼上班，之前在电梯里偶遇过好多次。崔静才依稀感到，眼前这个牙齿洁白、笑容温暖的男人，确实有些面熟。

-02-

崔静上了向先生的车，坐在了副驾驶座位上。

不过，一路上她都靠在座位上，眼睛呆呆地望着车外的夜景，没有开口说话。向先生也很善解人意地没有多问。

到了崔静住处的楼下，两人互相告了别，还加了微信。当然，这是向先生提出来的，崔静没有拒绝。

这之后，两人就算是朋友了。

说来也奇怪，那晚崔静只觉得向先生有些面熟，可能确实在电梯里遇见过，但次数绝对不多。不然，她对他的印象应该很深。毕竟在那幢写字楼里，留着小胡子的男人真的不多见。

那晚之后，崔静发现她经常能遇到向先生，要么是在电梯里，要么是在写字楼对面的餐厅里。

如果是在人少的时候碰见，他们会互相打一声招呼，再寒暄一两句。人多的时候，他们就彼此微笑着点头示意下。

这样的日子持续了一段时间，崔静恍然发现，她竟然在不知不觉中走出了失恋的伤痛，现在竟然开始每天都期待和向先生偶遇。

崔静知道，自己喜欢上了这个在她最难过的时候给了她一丝温暖的向先生。

因为喜欢，所以总是会情不自禁地关注；因为总是情不自禁地关注，所以喜欢得越来越不可自拔。

或许是念念不忘，必有回响。

有次下班，两人在电梯里偶遇，向先生笑着说想请她一起吃顿晚餐，崔静红着脸答应了。

共进了一次晚餐，在街上一起散了一次步后，崔静和向先生的关系上升到了“朋友之上，恋人未满”的暧昧阶段。

-03-

随后的一段日子，从没有在微信上闲聊过的两人开始在晚上临睡前会时不时地闲聊一番，从工作聊到梦想，从梦想聊到感情。

虽然向先生没有明确说过要崔静做他的女朋友，但在崔静心里，她已经不知不觉地以向先生的准女友自居了。

当一个女人把一个男人视为自己的专属时，心就会变得格外敏感。

崔静慢慢发现，幽默风趣的向先生“女人缘”特别好。

好几个中午，她和同事在公司对面的餐厅里吃饭时，发现和几个同事一起吃饭的向先生总是和那些女同事聊得欢声笑语不断，好像情侣间打情骂俏一般，完全没有注意到此刻正坐在不远处偷偷关注着他的她。

她还发现，向先生下班时还经常让一些女同事“蹭”他的车。

她在同事的八卦中也渐渐得到了一些向先生的信息，知道向先生在他的公司里算得上是个“钻石王老五”，工作能力强，人缘也很好，特别受女同事的欢迎。

知道向先生是一个异性缘很好的人后，崔静的心里有种很失落的感觉。

她开始有意地疏远向先生。

在写字楼遇到向先生时，她总是跟他轻轻地点头示意下，就迅速移开目光，不与他多交谈，也不再愿意赴他的约。

向先生发微信给她，她也总是故意很晚才冷淡地回复一句。

聪明如向先生，他自然感受到了崔静对她的疏远，被委婉拒绝了两次共进晚餐的邀约后，他也对崔静冷淡了下来。

一段暧昧的关系还没有来得及向前走一步，就这么黯然地落幕了。

一年多以后，一个亭亭玉立的长发女孩在写字楼门口等向先生下班。向先生出来时，宠溺地揉了揉女孩的头发，女孩随即娇羞地挽着向先生的手臂，两人有说有笑地离开。

看到这一幕，崔静的眼泪还是忍不住溢满了眼眶。她知道，一直到如今，她都没有真正放下对向先生的那份情愫。

崔静觉得自己就像一只鸵鸟一样，遇到喜欢的人，只会把头埋进沙里，不敢正视，更不敢去争取。如今，看到他喜欢上了别人，她觉得既难受又嫉妒。

-04-

这一生，我们总会遇见一些人，喜欢上一些人，然后又选择放弃，远离这些人。

有些放弃，你会觉得是一种洒脱，而有些放弃，你会觉得是一种懦弱。

其实，无论是洒脱地放弃也好，懦弱地放弃也好，一个人当初能让你做出不再向前发展的选择，那么，这个人一定不是那时的你认为最合适的那个人。

他身上一定有你无法接受的地方，才会让你在权衡利弊后选择了放弃。这种放弃其实是给自己的人生提前止损，并不是一种胆小的行为。

任何一段感情，如果还没开始就让你患得患失，毫无安全感，一旦真的开始后，它往往只会让你更加患得患失，更加没有安全感。

亦舒说：

人缘太好的人不适合做知己，因为他对谁都这样热情，你根本分不清他的热情是真的还是有作秀的成分。

我不敢靠近你，你那么受欢迎。

在爱情上其实也是一样，异性缘太好的男人真的不大适合做恋人，因为他对谁都这样热情，你根本分不清他的热情到底是爱情还是交情。

这样的男人在与异性相处时，往往缺乏应有的界限感，会为爱情制造隐患。远离这样的男人，其实是为自己的人生规避风险，根本没有什么值得懊恼的。

你之所以还会觉得难受、嫉妒，只是因为你还没有找到属于自己真正的幸福而已，并不是因为错失了一段真正刻骨铭心的爱情。

逝去的人和情可以怀念，甚至可以让自己任性地沉溺在其中一段时间。但是，这之后，请相信好的爱情一定会在恰当的时间到来——那些错的人的离开，都是在为对的人而让路。

余生还很长，对待爱情，不必悲观，也不必慌张。

终有一天，在茫茫人海之中，会有那么一个人，他的热情只属于你。如果遇到这样的他，就请勇敢一点，向前走一步。

心里很冷的人，只要一点暖就行了

-01-

总有几分钟，其中的每一秒，你都愿意拿一年去换取；

总有几颗泪，其中的每一次抽泣，你都愿意拿满手的承诺去代替；

总有几段场景，其中的每幅画面，你都愿意拿全部的力量去铭记；

总有几句话，其中的每个字眼，你都愿意拿所有的夜晚去复习。

每次翻开张嘉佳的《从你的全世界路过》，看到描写初恋的这段话时，小葵的心总是一阵颤动，眼睛瞬间变得模糊。

她恨自己不争气，又想起了那个早就视她为路人的他。

从小到大，小葵都不是一个学习很好的聪明孩子，但是她长得很漂亮。然而，她美丽的容颜并没有为她带来什么好运，从小到大一直有一些同学在私底下叫她“花瓶”。

“花瓶”，在同学们的心中，就是中看不中用的意思。

当她第一次听到同学在背后这样称呼自己时，小葵悄悄落了泪。她变得越来越内向，不喜欢与人打交道，成绩也始终没有起色。

她读了两年高三才勉强考上了一所普通的学校。

大学时，她与舍友的关系并不亲密，经常独来独往。期间也有一些男生追求过她，但都被她高冷的态度击退了。

在同学的眼里，小葵是一个孤傲的人。但只有小葵自己清楚，她只是孤，但并不傲。

大学毕业后，小葵去了南方工作。

第一份工作，她在一家企业做文职。部门里除了她，全部都是男同事，所以大家都对她挺不错的。再加上她又很勤奋好学，对待工作认真积极。半年后，工作出色的小葵便被总经理提升为总经理助理，办公桌也搬到了总经理办公室里。

-02-

一个毕业不到一年的漂亮女大学生，这么快升到这么高的职位，总是容易让那些心眼小、口舌多的人心生恶意地揣测。

同事们表面上看似对小葵挺客气的，但私底下对她的评价却很不堪。

处在这样的一个工作环境下，小葵不是没想过辞职。但转念一想，离开这个环境，下个环境说不定还是这样，于是她打消了辞职的念头。

没有交心的朋友，没有知心的恋人。在工作的两年里，小葵活得就像个独自行走在寒冷冬夜里的人，一直裹紧身上厚厚的外衣，孤单地向远方前行。

在她已经习惯了独来独往、清清冷冷的生活时，阿黎出现了。

阿黎是公司新来的电子工程师，个子高大，戴个眼镜，斯斯文文的。他第一次见到小葵时，便体会到了“一眼万年”是什么感觉。

不过，刚入职的阿黎自然懂得以工作为重，只偶尔偷偷地看一眼小葵，并没有贸然地对她展开攻势。

几个月后的圣诞节，公司举行晚会，阿黎在晚会上演唱了一首《包容》。

他的声音很有磁性，唱得也颇有感情。小葵就是在这个夜晚才注意到了他，也莫名地对他有了一丝好感。

一曲定情，形容的就是阿黎和小葵之间的这种缘分。

阿黎在台上唱歌时，一眼就发现坐在离舞台不远处的小葵听得很投入，眼睛里似乎还有晶莹的泪光在闪烁。

那一刻，他下定决心要走进这个高冷女孩的心。

他做好了心理准备，知道自己肯定需要花很多心思才能得到小葵的芳心。但他没想到，他第一次约她一起出来散步聊天，她竟然就爽快地同意了。

爱情来得如此之快，这让阿黎始料不及。

-03-

在一个寒冷的冬天，他们确定了恋爱关系。

恋爱后，在一个个华灯初上的夜晚，阿黎牵着小葵的手，走过了许多街头，吃了好多家美味的小吃，看了好多场爱情电影，说了好多动人的情话。

他们一起甜蜜地感叹着：原来，爱情真的可以让冬天变得暖和。

只是，他们完全没有料到，来得太快的东西，消失得也快。

在冬天快要过去、春天将要来临时，阿黎就对小葵逐渐冷淡了下来。他开始频繁地加班，不再有什么时间陪小葵约会。她在微信上约他聊天，他的回复也总是很敷衍。

任何感情，只要一方开始懈怠了，另外一方心一定也会慢慢冷却。

夏天还没有到来时，小葵主动向阿黎提出了分手。她以为阿黎会挽留，然而并没有，他只淡淡地回了一句："好，我尊重你的决定"，回头便转身离开。

看着阿黎不曾回头的背影，小葵才确信，他其实早就等着她主动提分手。

多么不堪一击的爱情。

后来她才知道，只是因为一次她陪总经理参加应酬时喝醉了，总经理叫司机背她上楼回宿舍，他对她的感情便瞬间消失了。

一个对待感情多么收放自如的男人啊，小葵自叹不如。

然而，她却做不到恨他，更无法忘记他。她恼的更多的是她自己——当初太容易被对方得到，所以才那么快不被对方珍惜。

这样的想法折磨了小葵很久，直到她辞职离开了那家公司，依然无法释然。

-04-

人生如路，路上的风景，有荒芜也会有繁华，有繁华就会有荒芜。

走过了太多荒芜之路的人，初遇繁华，心一定会情不自禁地全然敞开，忘我地欣赏这繁华之景。

就如同一个心里冷了很久的人，只要别人给她一点点暖，就能让她感动，让她卸下所有的防备。

这没有什么可丢人的，相反，这恰恰证明了她其实是一个拥有爱的能力的人。

经历一些坏事，本身并不是坏事。

哪怕爱的能力有时发挥在了一个错误的人身上，那又何妨？青春就是用来体验爱的。爱过错误的人，才更能懂得如何爱上对的人，如何和对的人好好相爱。

只是，在下一次爱情到来前，你最需要学会的，是如何爱自己，如何温暖自己。

爱自己，温暖自己，便要接纳那个完整的自己。

接纳自己的聪明，也接纳自己的愚笨，接纳自己的感性，也接纳自己的理性，接纳生命中的那些拥有，也接纳生命中的那些失去。

在爱情的路上，鲜有人不曾莽撞地去爱，不曾懵懂地前行，不曾受过伤，不曾流过泪。

那些早已散落在天涯，无法再去追逐的背影，曾经相爱又相惜的伴侣，曾经温暖过彼此的心灵……

对这些陪你走过一段人生路，看过一段路上的风景，让你慢慢学会了成长，学会了如何去爱的故人，与其刻意去忘，不如心存感恩吧。

如此，才不辜负人生路上的每一次遇见。

你对我爱搭不理，我没必要奉陪到底

01

我能想到最浪漫的事，就是和你一起慢慢变老，一路上收藏点点滴滴的欢笑，留到以后坐着摇椅慢慢聊。

这几句歌词，唱出了顾瑶心中向往的爱情模样。

顾瑶和林森是同一届的大学校友，读大学时，两人并不认识。

毕业后的第一份工作，两人应聘到了广州的同一家公司同一个部门。世界那么大，因为有缘才能在同一个地方相遇，所以，他俩成为恋人几乎是顺理成章的事。

恋爱时，两人有很多共同话题，光是聊聊校园往事就能聊两三个小时，还常常不舍得结束。

作家刘震云在《一句顶一万句》这篇小说里，写过这么一句话：

世上的人遍地都是，说得着的人千里难寻。

顾瑶感到很庆幸，遇到了一个和自己有话聊、聊得来的林森。

在他们恋爱的两年时间里，两人一直都是甜甜蜜蜜的，简直是同事们眼中的模范情侣。

在顾瑶觉得两人年纪差不多，感情也稳定了，开始萌生结婚的念头时，林森却被调到分公司去担任一个部门的主管。

分公司是位于广西的一个城市，顾瑶自然不希望林森过去，但这次调任对林森来说是升迁，事业心挺强的他自然不想错过如此难得的机会。

所以最后，林森在顾瑶依依不舍的目光中，还是去了分公司上任。

以前朝也见、暮也见的人，如今却只能在手机上听听对方的声音，这样孤单的日子让顾瑶很不适应。

异地半年左右，顾瑶和林森说她想辞职去他的城市工作。林森听到后，稍微犹豫了一会儿，最终还是同意了。

一个月后，顾瑶拖着一个银色行李箱，带着满腔的思念与憧憬来到林森所在的城市。

-02-

两人分开了这么久，再次相聚，简直是小别胜新婚。只是，这“新婚”的热乎劲儿没几天就过去了。

林森真的很忙，忙到都不能抽出半天时间陪顾瑶去转一下当地的人才市场。

在这座陌生的城市，顾瑶找了十来天工作，才终于找到了一份文职工作。

这份工作相比她以前在广州时的工资差了不止一截。不过，她看在公司离她和林森的住处不太远，自己找工作也找了这么久的分上，还是决定先做做看。

工作落定后，她和林森的生活便逐渐进入了一个比较稳定的模式。不过，这个所谓的稳定，却不是顾瑶内心所期望的。

林森一如既往地忙，忙着加班，忙着应酬，忙着考核升迁。

他的发际线不知从什么时候开始变得比以前高了；他的肚子也不知从何时开始已经微微凸出了；他跟人说话的语气，更不知从什么时候开始已经透出隐隐的优越感了。

是啊，大学毕业才几年就成了分公司的副总，他怎能不感到优越？只是，他的优越感不该用在自己的女友身上。

不知从什么时候开始，每次顾瑶主动跟他说话，他总是心不在焉地“啊”“嗯”“哦”地来敷衍她，眼睛盯着自己的手机，头都不会抬一下。

做家务、散步或是看电影，这些在顾瑶看来能增进两人感情的事儿，林森早就懈怠了，他不愿意再花心思去做了。

一个周末的晚上，顾瑶在拖地，林森坐沙发上玩平板，顾瑶叫他把脚抬起来一下，他没抬，顾瑶又叫了一声，他仍然好像没听到一样，一心玩着自己的平板。

终于，顾瑶爆发了，她强忍着心中的愤怒，努力让自己平静下来，跟林森提出了分手。

林森好一会儿后才抬起头，用看怪物一样的眼神看着她，然后笑着嘲讽了她一句："你闲得发神经吧？"

这样的林森让顾瑶感到陌生。她知道，眼前这个男人再也不是当初自己爱的那个眉目清朗的大男孩了。

-03-

第二天，顾瑶连当月的工资也不要了，打电话向公司辞职后，便拖着来时的那个银色的行李箱，头也不回地离开了这个让她感到孤独和失望的城市。

这段维系了四年多的爱情就这么结束了。

他们的一些共同的朋友都批评她，说她太冲动了，因为这么一点小事就和林森分手，放弃这样一段好几年的感情，太可惜了。

但只有顾瑶自己心里清楚——冰冻三尺，非一日之寒。

过去的两年，她心中积攒的失望，早就让她再也没有继续爱下去的动力了。她并不后悔离开这个不懂得尊重她，对这段爱情已经丧失热情的男人。

一个男人爱你，一定会尊重你，这是爱一个人的前提。

如果一份爱连最起码的尊重都没有，这样的爱没有哪个人能接受了。

尊重一个人就意味着无论你们的工作或收入有多悬殊，两人始终是平等的，不会在另一半面前摆出一副高高在上的优越感。

他尊重你，才能懂得你；

你诉说，他会耐心地倾听；

你有问，他会认真地作答，永远不会以敷衍的态度来对待你；

你把目光投向他的时候，他也会立刻把目光投向你。

任何一段感情里，如果没有彼此的尊重，没有良性的互动，都不可能走得长远。

有人也许会这样说——在感情里，男人总是比女人成长得慢些，女人需要给时间让男人慢慢成长。

但是，要知道，每个人的耐心和热情都是有限的。没有任何一个人能像一个电动马达一样，只要按下开关，就能不知疲倦地、永远不停地转动。

爱情说到底是一个自私的东西。

再强大的女人，内心也有脆弱的一面，也渴望得到伴侣的关注、关心和爱护。

-04-

独角戏太凄美，太伤人。

没有一个女人愿意在两个人的世界里唱一辈子独角戏。

体验过各种孤独滋味的人大概都深有体会：人生最大的孤独，是你爱的那个人，让你感到孤独。

如果爱上这样的人，女人需要做的，不是继续在这种孤独里卑微地苟且，而是应该停下来，仔细想一想，自己爱的这个人，是不是值得自己继续这样爱下去。

你永远叫不醒一个装睡的人。

在爱情里，只要有一个人在“装睡”，另一个人再努力，也很难体会到幸福感。

与其在毫无营养的爱情里备受煎熬，不如趁早选择放手。

谁的人生都很宝贵，没有几个人能真正做到无怨无恨地把自己宝贵的时间和精力浪费在一个总是无视自己的人身上。

他无视你，你还去死心塌地地对他好，这样最终结果只会是你心里越来越不平衡，怨气越来越重，最终会完全丧失自我，成为一个让自己都讨厌的人。

我曾在一本书上看到过这样一句话：“如果你不想年老时再后悔自己的决定，就请你在讨好别人之前，先讨好自己。”

人生苦短，有且仅有一次，应该把对自己好、让自己开心排在首位。

我特别欣赏演员马伊琍说过的一句很霸气的话：

我可以惯着你，也可以换了你。

在爱情里，任何一个女人都应该有这样的底气。

不必讨好那些对你爱搭不理的男人，更不要对这样的男人奉陪到底。余生，去爱那个能让你快乐的人。

如此，才不枉来人间走一遭。

我有时冷漠，只不过想要多一点的温柔

-01-

下了两日的雨，终于在周末的清晨，太阳露出了柔和的笑脸。

推开玻璃窗，一股清爽的风吹进卧室，瞬间一屋清新。天气如此好，小蕾的心情却反而跌落到谷底。

她和男友已经冷战三天了。这三天男友都在他哥们家住，除了中间回来拿过一次换洗衣服和充电器外，他连一个电话都没有打给她。

小蕾是一个不喜欢孤独、寂寞，更不喜欢冷战的人。但是，和男友交往两年以来，他们却经常吵架和冷战。

很多时候，冷战完她都不记得，当初他们到底是为了什么事而冷战。

说起来多可笑，不记得因为什么事而吵架，说明压根就不是重要的事。但是，他们却经常为了一些不重要的事，赌气几天不说话，既不联系，也不见面。

不过，说起这次冷战的起因，小蕾却记忆犹新——她额头上的擦痕时刻提醒着她，这几天都发生了什么不开心的事。

那天，她很晚才回来，男友正坐在电脑前打游戏，看到她回来，就抬头瞄了一眼，说了一句：“回来了”，然后就没再理她，继续玩他的游戏。

小蕾的额头擦伤了，虽然用刘海儿遮住了一些，但只要稍微走近点就能看出来，而男友却丝毫没有察觉，也没有察觉小蕾的心情和她的额头一样狼狈。

看到男友压根没注意到自己的外伤，更没注意到自己低落的情绪，小蕾很失望。她一句话都不想跟男友讲，洗完澡后就到卧室睡了。

男友打完游戏进到卧室后，问了小蕾一声：“睡着了没有？”

小蕾怒气还没有消，所以就没有出声，但翻了一下身。

男友见小蕾听到他的话后翻了个身，就知道她肯定没睡着。虽然她没睡着，但他跟她说话她却不理他，男友也有点生气，便也没理她，两人背对着背睡了一夜。

-02-

第二天早上，小蕾还对男友不理睬，男友觉得莫名其妙，便问小蕾怎么了。

小蕾气得掀开自己的刘海儿，没好气地说：“我额头擦伤了，心情不好，你没看到吗？”

这时，男友才注意到小蕾额头上的擦痕，但看着也不是很严重，很随意地说道："过几天不就消了吗！"

"不想跟你说话！"听到男友一句询问和关心的话都没有，还一副好像她很矫情的样子，小蕾更气了。

男友觉得小蕾就是把他当成情绪垃圾桶，什么莫名的火都朝他发，觉得很莫名其妙——又不是他把女友的额头弄成这样的。再说了，伤痕又不明显，用刘海儿遮一遮就好了，至于发这么大的脾气吗?

他也生气了，一大早便一个人上班去了，而不是像从前一样等小蕾一起出门。

晚上回来时，他见到小蕾一脸冷漠，一副不想跟他说话的样子，便赌气地拿了一套换洗衣服和充电器，出门前丢下一句"今晚睡强仔家"，便头也不回地走了。

小蕾觉得自己很委屈。

原来，那天她辛辛苦苦熬夜加班设计出来的图，被上司一句话就轻描淡写地全部否了，还把她跟进的项目分给了一个资历尚浅的漂亮女同事。

下班后，心情压抑的她一个人在街上游荡了好久。游荡累了，就自己一个人在路边摊，点了一份炒粉，喝了一瓶啤酒。

回去的路上，头昏脑涨又穿着高跟鞋的她不小心摔了个跟头，把额头擦伤了，身上其他地方虽然没有明显的外伤，但有些地方也隐隐作痛。

满心凄凉、一身狼狈地回到家后，男友却一丁点儿都没有察觉到她的异常，她的心里有多么心酸、多么失望，小蕾已经不想形容了。

-03-

平常两人吵架的时候，男友总是抱怨小蕾，说她矫情，爱耍小性子，心情阴晴不定，经常让人莫名其妙，不知道哪里得罪了她。

以前听到男友这样评价自己，小蕾会更加生气地和他吵，后来听多了，她就不再吵了，而是改为“冷处理”。

而她的冷漠在男友看来就是脾气不好、难伺候。

但是在小蕾的内心深处，却有一句始终说不出口的话：我并不难伺候，我只是想要一点温柔。

当我加班的时候，我希望你能懂得打个电话关心我一下，叮嘱我忙完早点儿回家。

当我回家晚的时候，我希望你能主动问我一下：累不累，吃饭了没有。

当我不理你的时候，我希望你能多问一句：亲爱的，怎么了？今天心情不好吗？

也许我不会把在外面受到的所有委屈都向你倾诉出来，但是，当我听到你这些温柔的话语时，那些委屈便不会再侵蚀我的心。

但是，你却不懂，一点都不懂。

在你心里，只觉得我是一个脾气不好的女人。每次我们发生矛盾，陪伴我的，只有冰冷的背影或是空荡荡的房间，从来没有什么温情可言。

我觉得你已经不像当初那么爱我了，我时不时的冷漠，不过就是想证明你依然还爱着我。

如果你能对我多一点点细心，多一点点耐心，多一点点温柔，我一定不会变成一个脾气不好，经常莫名其妙跟你发火，跟你冷战，一点都不可爱的女人。

自己和自己的内心进行一番对话后，小蕾更是觉得委屈，眼泪瞬间溢满眼眶。

在爱情里，最可悲的就是你爱的人不懂你，你在他面前，并不是那个最真实的你。

-04-

在大城市里，很多成年人都像小蕾一样，习惯把自己的心包裹得紧紧的，习惯于以礼貌而疏离的态度去对待他人，不轻易让人窥探到自己的内心。你看别人是冷漠的，别人看你也是冷漠的。

甚至在最亲近的人面前，你也习惯了伪装——伪装坚强，伪装冷漠。

因为你怕，怕你的柔软换不来对方的柔软，你的热情换不来对方的热情，你的脆弱换不来对方的理解和关心。

你怕失望，你怕受伤。

所以你不敢轻易卸下坚硬冰冷的外壳，因为那是你最后的保护伞。

只是，他们不知道的是，你那个看起来无比厚实的保护伞，其实不堪一击。只要给你一点柔软，一点温柔，就能令你动容，就能激活你内心所有的柔软。

日本动画片《蜡笔小新》里有一个片段，小新妈妈不小心把小新爸爸的工资弄丢了，小新爸爸抱着妻子安慰道："原来只是这点儿事，钱我努力再赚就好了啊！"

一向性格强势的小新妈妈听到丈夫温柔的话后，就像个犯错的小孩子一样缩在他怀里，愧疚地一直说着对不起。

所以，哪有什么一向强势或难伺候的女人？她不过是没遇到一个让她变得柔软、变得温柔的人而已。

只要对她温柔以待，她就会瞬间成为一个柔软得让人心疼的小女孩。

就像一首歌中所唱的那样：

我要的不多，无非是一点点温柔感受。我要的真的不多，无非是体贴的问候，亲切的微笑，真实的拥有。

一个电话或一个拥抱，一句"我爱你"或一句"对不起"，就能卸下她伪装的冷漠。

Chapter 11

你想真实，却没人给你真实的力量

你明明想说“我不愿意”，却说出了“好”

-01-

也许有一天，当你长大了，受过太多的伤，失望太多，思虑也多了，再也不会炽烈地爱一个人。

晓溪在一本书上看到张小娴说的这段话时，内心一颤，因为她发觉自己对李亮的爱意早已不似当初那般炽烈了。

这意味着自己长大了，有足够的力量离开李亮了吗？她还不那么确定这个答案。

但是她能够确定的是，这三年多和李亮在一起的日子，她过得一点都不开心。

当初，是她主动捅破窗户纸，先向李亮表白的。结果，就因为她是先表白的那个人，并且是爱得比较多的那方，所以，在他们后来的相处中，她一直处于被动的地位，甚至可以说根本没有什么地位可言。

她喜欢穿亮色系的衣服，觉得有朝气，但李亮总是叫她穿黑白系的，他说这是经典色，看起来更有职业女性的感觉。

她喜欢穿低跟鞋，觉得走路舒服，但李亮总是叫她穿高跟鞋，说个子高走路才有气质。

她喜欢清汤挂面的长直发，觉得好打理，但李亮却叫她去烫个卷发，说卷发更有女人味。

诸如这般李亮改造她，特别大男子主义的事还有很多。每次晓溪都想说“我不愿意”，但最后都只能强颜欢笑地从牙缝里挤出了一个字：“好”。

他们在一起两年后，有次，晓溪无意翻到了李亮前女友的微博。

她把他前女友的微博翻了个底朝天才知道——李亮对她所有的改造，都是按照他前女友的喜好来进行的。

自己成了他前女友的替代品，还有什么比这更可悲的吗？

当然有。

-02-

更可悲的是，得知真相的晓溪，最后连质问李亮的勇气都没有。

在强颜欢笑地说出了无数次“好”后，晓溪终于向李亮提出了分手。

在这段爱情里，一直处于主导地位的李亮，可能压根没想到晓溪会跟他提出分手。

他不屑地回道："分就分，就你这样的，走在大街上，不过是一个没有回头率的路人。"

因为这句话，晓溪又退缩了。两人冷战了几天后，终究还是没有分手，又回到了以前的相处模式。

这次分手风波并没有让李亮觉得珍惜或是感恩，相反，他像是抓住了晓溪的软肋一样，时不时拿出来炫耀一下。

很多时候，晓溪很瞧不起自己。

但是，一想起要彻底结束这段感情，她又缺乏勇气，毕竟自己年纪也不小了，长相普通，工作也一般，实在没有什么特别的优势。

而且最主要的是，她对李亮还有感情。

伴随着这样的纠结，晓溪和李亮步入了婚姻殿堂。两个在感情中地位不平等的人，婚姻会过得怎样，可想而知。

婚后，晓溪在李亮面前仍然是那个没有地位、甘心委屈自己的人。

有时，她也尝试向李亮不合理的要求反抗，但每次李亮总是把"离婚"挂在嘴边，最后只好又是晓溪妥协了。

不过，有些话说多了，真的很容易变成现实。

结婚半年后，趁着还没有孩子，晓溪跟李亮离婚了，是她主动提出来的。

-03-

在感情里，被爱的人总是有恃无恐，爱人的人总是卑微如泥。

没有人喜欢在自己爱的人面前说违心的话、做违心的事。

所有的违心，不过都是因为爱得比对方多，因为爱得多才愿意迁就对方、委屈自己。只要对方开心，便觉得自己的违心是值得的。

然而，没有任何一个人愿意在朝夕相处的爱人面前，伪装自己一辈子。

总是伪装自己，终有一天，自己的身体也会抗议的。

这就好比在炎热的夏天，如果你让一个人一直穿一件密不透风的厚衣服，谁能受得了？当热度达到极限时，他就只想脱掉身上的束缚，好好地让自己透透气，凉快凉快。不然，迟早得中暑，迟早得热死。

晓溪的几个朋友听说是她主动提的离婚时，下巴简直都惊掉了，都说她既然准备闪离，干吗当初要和李亮结婚呢？还白白给自己贴上了一个“离异女人”的标签，多吃亏啊！

对此，晓溪一笑置之，不想过多去解释。

因为她知道，有些路只有自己亲自去走一趟，才不会不甘心；有些苦，只有自己亲自去尝一下，才知道是什么滋味。

所以，结婚半年就选择了离婚，真的没有什么亏不亏的。相反，她还很庆幸，因为她为自己的人生及时止损了。

一辈子那么长，自己或许可以委屈几年，甚至十几年。

但是她知道，如果委屈自己一辈子，一辈子都在说谎，都在做那个不能让自己开心的自己，到人生结束的那天，她一定会为这样的人生而感到遗憾。

-04-

人的一生都或多或少说过一些谎话，做过一些并不想做的事。

有时，明明生活得不好，亲人朋友问起，你还是会说：别担心，我挺好的。

有时，明明不愿意加班，老板一个电话打过来，你还是会说：没事儿，我马上过去。

有时，明明很生气，你却装出一脸平和。

有时，明明想哭，你却露出一脸笑。

你明明希望别人多爱你一点，但最后却总是把自己的爱都给了别人，就是不舍得多给自己。

其实，这也没有什么好坏对错，只要你觉得这样做会更开心些就够了，不必纠结，继续这样也无妨。

但如果你觉得这样做让你越来越不开心，你急切地渴望做那个真实的自己，那么，就请听从自己的内心，别委屈自己，勇敢地说“不愿意”“不好”“不行”“不可以”……

你会发现，按照自己真实的内心把情绪表达出来，后果并没有你想象得那么糟，甚至还会让你觉得豁然开朗，浑身充满力量。

巴金说：

生活在这世界上，就是为着来征服生活的。

如果没有人给你征服生活、勇敢做自己的力量，你要记得，你还有自己。

你要相信，你可以大声说“我不愿意”，并能承担得起说出这句话的任何结果。

你更要相信，真正爱你的人，不只是爱那个说“好”的你，也会爱那个说“我不愿意”的你。

这样的爱，才是完整的；这样的爱人，才是值得珍惜的。

你没经历过我的生活，请不要指责我

-01-

世界上没有一个永远不被诽谤的人，也没有一个永远被赞叹的人。宠辱不惊，去留无意，生命自然会天高、云淡、风轻。

然而，红尘俗世中人，能做到宠辱不惊、去留无意的人，终究寥寥。

刘芳工作挺勤快的，为人也比较热情，所以在公司里的口碑挺不错。

但最近，她感觉公司里的女同事好像都有点儿在疏远她，有时会几个人背着她窃窃私语，只要看到她走近了，便马上散去。

心里充满疑惑的刘芳忍不住跟一个小文员打听，问她们最近都在偷偷聊什么？是公司有什么新的政策吗？

小文员这次不像平常什么都愿意跟刘芳聊一样，而是笑得有点儿尴尬地回答了一句“没聊什么”后，就走开了。

同事们突然这样冷落自己，刘芳心里感到很郁闷。

一天中午，她没什么胃口，在公司食堂吃了几口饭后就回了办公室。

离下午上班时间还有一会儿，她去洗手间，正准备开门出来时，听到有两个女同事边走进来边聊着天。

一个说：“我以前还想把我弟弟介绍给她呢，幸好没有，差点儿被她骗了！”

另一个说：“就是，看她平常装得一副清纯的样子，没想到离过一次婚，儿子才几岁，这种女人，又自私又心狠，不能深交！”

“是啊，明明都生过一个儿子，简历上竟然写的是未婚。平常也从来没见她聊过她前夫和儿子，我还以为她真的是个小姑娘呢！”

听到这两个女同事的谈话，眼泪悄悄地从刘芳的眼睛里流了出来。

她终于知道为什么最近女同事们都开始疏远她了。

-02-

刘芳一直待在洗手间里，等到这两个女同事离开了好一会儿后，才擦干眼泪，打开门出来。

回到办公室后，她的心情始终不能平复下来。往事不堪回首，她也从不愿意去回首。但今天，却逼得她再次撕开藏在心底的伤疤。

22岁在一家小公司做销售时，刘芳认识了一个整整比她大10岁的男人，她亲昵地称呼这个男人为“大叔”。

大叔很会说甜言蜜语，涉世未深的刘芳很快便被他俘虏，成了他的小女友。

两人在一起三四个月后便结婚了，刘芳也很快怀孕了。孕中期时，大叔把刘芳送回了他的老家，叫他父母帮忙照顾。几个月后，刘芳顺利生下了一个可爱的儿子。

儿子十个月断奶后，刘芳回去和大叔团聚，她才知道，原来，他在外面一直“莺莺燕燕”不断，唯独她这个傻女孩肯为这个玩世不恭的男人生孩子。

刘芳愤怒地向他提出了离婚，并说要带走儿子。

谁知道棋高一着的大叔早就提前通知了他的父母，把孩子送到了亲戚家，让刘芳扑了个空。

刘芳父母得知女儿遇人不淑后，心里很难过。但他们还是很理智地劝她，孩子还是不要争了，还是让他跟着爷爷奶奶，毕竟是他们家的亲骨肉，他们不会亏待他。以后如果她有能力了，再把孩子要过来也是一样。

刘芳冷静下来想想觉得父母说得很对，她一没房子，二没工作，三没存款，拿什么来养孩子?

所以，此后的这几年，她努力工作攒钱，就是为了早日争取到孩子的抚养权，而那些八卦的同事却以为她又自私又虚伪。

谁能知道，她曾在无数个深夜里，为自己当初的年少无知，为那个见不着面的孩子，默默地流过多少交织着悲伤与悔恨的泪水？

-03-

世上最无知的一种人就是不知道别人经历过什么，就随便地评头论足，指责别人。

一位70多岁，风趣幽默、举止儒雅的大学教授，在学生毕业前的最后一堂课上，给他们讲了一段自己的经历。

老教授说，他刚参加工作的时候，被一个学生诬告，不但失去了工作，还被打断了一条腿。

他新婚的妻子因为不堪忍受牵连，最后选择改嫁他人。后来，他沉冤昭雪，拖着一条瘸腿再次登上讲台，往后也没有再娶妻，将余生全部献给了教育事业。

而当年那些学生也一个个地参加了工作，结婚生子。他原谅了所有人，除了当年诬告他的那个学生。

当那个学生找上门来寻求他原谅的时候，老教授对他说，我们以后最好还是不要再见面了，我不恨你，但也做不到原谅你。

在生活中，很多事情好似冰山一角，你只是看到了水面上的八分之一，却忽略了水下面的八分之七。

针没扎在你身上，你感觉不到疼痛。脚没踩在你肩上，你感觉不到屈辱。

所以，永远不要随意去评价判断一个人，因为，你并没有经历他或她的人生。

-04-

曾看过一个电视剧，剧名不记得了，但其中的一段剧情却令人印象深刻。

有一个中年男人失业了，不敢让老婆孩子知道，怕他们担心，每天便假装和以前上班时一样早出晚归。

实际上呢，他每天都是去人才市场找工作，投简历、面试，但找了一段时间后，仍然没有一家公司录用他。

心里颇感沮丧的他，为了调节下心情，也为了打发下面试过后白天剩余的时间，他便去花鸟市场逛了两回。

有一回，他在花鸟市场碰到了一位认识的大姐，这位大姐看到他后像个机关枪一样说个不停，教育他不能瞒着老婆玩物丧志，要好好上班，做个好男人。

中年男人本就觉得这么久没找到工作，压力很大，心里很苦，被这个好管闲事的大姐数落一番，他更觉得有苦难言，苦上加苦。

于是，以后再碰到她，他干脆绕道走，假装不认识她。

在生活中，很多人可能也像这位大姐一样，习惯以自己的思维方式去判断别人，习惯通过一两个生活细节，就给并不够了解的人贴上负面标签，甚至发挥自己的想象力，来片面地推断别人的人生。

所以，很多人只看得到别人身上的毛病，却看不到别人身上的优点。

这样的想法和做法，其实是一种自以为是的表现，也是对别人的不尊重。

即所谓“己所不欲，勿施于人”。

大多成年人的心里都藏着或深或浅的伤，都藏着无法对人言说的痛，都藏着想说却没有勇气说出来的事实和真相。

不随意评价或指责别人是一种慈悲和教养，这种慈悲和教养，愿你我都能具备。

不理会别人的评价或指责是一种修行，这种修行，愿你我都能慢慢练就。

如此，崎岖人生路，方能从容前行。

我的口是心非，只是情非得已

-01-

时光总是让淡的越来越淡，让深的越来越深。

很多时候，看似平静如水，其实，只要风轻轻一吹，心里的某个地方便会疼痛不已。

“李先生，余生，请多关照！”

晚上临睡前，陈洁刷到朋友妮妮发的这条朋友圈，上面配着一张结婚证的照片，照片里的两个人，女的笑靥如花，男的只是浅浅上扬着嘴角。

记忆的洪水再次向她汹涌而来。

三年前，她刚大学毕业，当时去一家公司应聘，坐在会客厅里紧张得手心冒汗的她，因为一个女孩的几句玩笑话才放松了很多。这个女孩，便是妮妮。

妮妮和陈洁一样，也是来应聘的。不过，她性格大大咧咧的，再加上已经有一年多的工作经验了，所以非但不紧张，还能把紧张的陈洁逗笑。

这天，她们两个人都顺利应聘上了这家公司。虽然并不在同一个部门，但因为同一天应聘的缘分，两人很快成了好朋友。

工作了一段时间后，同部门的一个男同事李棠喜欢上了文文静静的陈洁。

有次，陈洁工作出现了一点失误，连累几个同事都得和她一起加班，大家对她都很不满，最后是李棠帮她解的围。

那晚，李棠做东请大家吃了一顿丰盛的消夜，才帮陈洁化解了职场关系危机。

也就是在这晚，陈洁对李棠动了心。

为了答谢李棠对自己工作上的照顾，陈洁主动回请他吃了一顿饭。不过，为了避免和他独处的尴尬，她也把好友妮妮叫了去。

妮妮听说陈洁竟然要请一个男同事吃饭，八卦的兴趣一下被勾起来了。她笑着拷问陈洁，是不是因为对那个男同事有意思，所以才请他吃饭。

陈洁听到妮妮的话，脸一下就红了，不过她也立即便否认了，说只是把他当成工作上的一个前辈，想多谢他的帮助而已。

-02-

那次，他们三人一起吃饭时，妮妮便对颇有绅士风度的李棠很有好感。整餐饭吃下来，她就像个开心果一样，话没断过，笑声也没断过。

后来他们便经常在一起小聚。他们三人之间的关系在外人看来就像雾里看花，朦朦胧胧的，并不够清晰。

但是，三个当事人对自己的心却很清楚，就只差捅破那一层薄薄的窗户纸。

就在李棠想找个合适的机会跟陈洁正式表白，不让妮妮误会时，妮妮的父亲突发脑出血过世了。

父亲的离开，给妮妮的打击很大。办好丧事从家里赶过来上班后，她一直萎靡不振，情绪很低落。

为了安慰她，帮她尽快走出失去亲人的悲痛，陈洁和李棠经常一起请她吃饭、散步、看电影。

有次，看完一部结局比较伤感的电影，走出放映大厅一会儿后，妮妮突然抱着李棠，说她一直都喜欢他，希望他不要像她爸爸一样，突然离开她，不然她真的受不了。

说完后，她趴在李棠肩膀上低声地抽泣了起来。

面对妮妮突如其来的拥抱和表白，李棠深深地看了一眼呆呆站在旁边的陈洁。沉默了一会儿后，他轻轻拍着妮妮的后背说："放心，别难过，我不会离开你，我们都不会离开你。"

听到李棠的话，妮妮终于破泣而笑。回去的路上，她一手挽着陈洁，一手挽着李棠，三个人成了那晚街头上一道独特的风景线。

妮妮不知道的是，当晚只有她一个人是感到幸福的。

另两个人，一个心里装的是无奈与忧愁，一个心里装的是失落与伤感。

-03-

整夜辗转难眠后，第二天清晨，李棠便迫不及待地打电话给陈洁。

他告诉陈洁，他喜欢的是她，昨晚对妮妮说的话只是为了安慰她，并不是要做他的男朋友，希望她不要误会，给他点时间，让他处理好他和妮妮之间的关系。

同样失眠了一整晚的陈洁，一大早接到李棠的电话，听到他终于向自己表白，泪水顿时模糊了双眼，她不知道自己是该高兴还是该难过。

但是，有一点她知道，她不能在这个时候和李棠谈恋爱，这样只会刺激到妮妮，她也会失去和妮妮的这份友情。

“谢谢你，李棠。但是，对不起，我从来没有喜欢过你。”

为了不让李棠察觉到自己难过的情绪，为了不让自己的心动摇，陈洁说完这几句话后就立即挂断了电话，并把手机设置成了飞行模式。

在这之后，她一直故意躲着李棠，除非工作需要，她从不主动跟他多说一句话，李棠打电话或发信息给她，她也全部不理会。

明明也爱着对方，却不得不把他当成路人。这种日子对陈洁来说，每天都是一种煎熬。

更让她感到难熬的是，她还得面对妮妮，面对她时常的倾诉，说她有多么多么喜欢李棠，但李棠对她好像变得比以前冷淡了一些。

她只能任凭自己的心在撕裂，却还要装出平静的样子去安慰妮妮，说李棠可能是工作压力大吧，叫他们两人多互相体谅对方。

这种让自己的心备受折磨的日子终究还是到了陈洁所能承受的极限。几个月后，她辞职了，离开了这个让她伤感的城市。

她还把李棠拉入了黑名单，但李棠曾经发给她的那些信息，她却一直不舍得删。

而今晚，看着那张刺眼的合照，尽管合照里的那个男人笑得很内敛。但是，她知道，这些信息她该彻底删掉了，这个男人，她也该慢慢放下了。

-04-

世界上，有一种谎言叫口是心非，它叫人带着善意刺伤爱情；有一种爱情叫情非得已，它叫人捧着真心浇灌欺骗。

许多人的一生中都难免会有那么一个爱而不得，让自己刻骨铭心的人，即使那个人后来躺在你的黑名单里，再也没有任何往来，但在你心里，他却一直都在。

每次你只要听说或是看到关于他的任何消息，你都会觉得是一种折磨，这种折磨提醒着你曾经和他难忘的过往。

然而，这种折磨也会给你带来一丝喜悦，一丝快感。

这丝喜悦和快感，你不敢对任何人说，你只敢让它在心里，独自发酵、独自溃烂，把你的心变成一个深不见底的洞。

其实，当初在你跟他说那些口是心非的话后，你曾多么希望他能察觉你真正的内心所想，知道你这样说只是情非得已。

你曾多么希望他能再多坚持一下下，坚持到你有勇气坦露真心的那天。

然而，他终究还是没有给你足够的力量，让你在他面前做个真实的自己。你只能一直像只鸵鸟一样，把自己的感情都隐藏起来。

这样的他，说到底不过是对你爱得不够深罢了。这样的感情，说到底不过是脆弱得经不起一点现实的考验罢了。

这样的他，这样的感情，就如昙花一般，只在深夜一现。但终究，花开过，他来过，如此，便够了。

失去这样的他，失去这样的感情，你可以难过，可以悲伤，却不必遗憾。

因为最合适的人，最醇厚的感情，一定不是昙花一现。

他会陪你阅览人间繁华，和你笑看细长水流，让你可以毫无顾忌地在他面前，尽情地哭，尽情地笑，尽情地做最真实的自己。

愿你痛过之后，不再历经沧桑，早日遇到真正属于你的他。

你所谓的不真实，恰恰是我的坚持

-01-

晚上十点多，小区挺安静的，这是杨柳每天最享受的时刻。

忙完了一天的工作，做完了要做的家务，画完了一幅水彩画，她现在终于可以躺在床上好好看书了。不过才看了两页，放在床头柜上的手机突然响了。

这个点还能给自己打电话的，杨柳实在想不到会是谁。她随即放下书，拿起手机一看，竟是一个经常给她的朋友圈点赞但并不常联系的朋友兰兰打过来的。

“不好意思，杨柳，这么晚打扰你。我最近实在是过得太颓丧了，简直觉得生无可恋，很想找人倾诉倾诉，却不知道这个时候还能打给谁。翻翻朋友圈，最后发现竟然最想打给你，所以只有打扰你了。”

“哦，没事儿，不打扰。你怎么了？”杨柳关切地问道。

听到杨柳末尾的那句“你怎么了”，电话那边顿时响起了颤抖的哭声。

兰兰的情绪似乎很不稳定，杨柳只好先安抚她，告诉她别难过，有什么事尽管说，她如果帮得上忙的，会尽力帮她。

“杨柳，我没有什么需要帮忙的，就是想跟你聊聊。”

从兰兰接下来的叙述中，杨柳才知道，原来兰兰刚离婚两个多月，但离婚后没一个月，她就后悔了。

曾经两个人的生活突然变成一个人，她很不习惯，感到生活有很多让她崩溃无助的时候：

煮饭时，发现水龙头坏了，怎么拧都拧不到底，一直在哗哗地流水；晚上上厕所，马桶堵了，弄半天都没通，只能对着恶心的马桶干着急。

前天，她把公司的资料带回家做，结果做到一半，电脑突然死机，重启了好几次都不行，她急得想哭。

兰兰和前夫没有离婚的时候，家里无论什么东西坏了，她前夫都能搞定，基本上不会让她操多少心，更不会让她觉得崩溃无助。

但是如今，她才深深体会到，一个人独自在异乡打拼原来这么难，这么苦。

-02-

“你是想和你前夫复婚吗？”听完兰兰的叙述，杨柳小心翼翼地问道。

“想过，我甚至希望时间倒流，但是，他已经有女朋友了，很快是不是？我也觉得很快，快得让我怀疑人生。当初我们爱得轰轰烈烈，离婚时，他答应得也一点儿都不爽快。可真的一旦离婚了，他立马就有新欢了。”

听到兰兰对前夫的抱怨，杨柳一时真不知道该怎么安慰她。她一向不大喜欢评价别人，而且，她也觉得兰兰的三观和自己的不大合。

在她看来，只要两人离婚了，男人怎么着都是他的自由，作为前妻，真没必要再去说这些毫无意义的抱怨。

还没等杨柳想好怎么回复，怎么来安慰和开导兰兰时，兰兰接下来话锋一转，把话题一下扯到了杨柳身上。

“杨柳，你和我一样，也是个离异的单身女人，也一个人在外地，为什么你的生活可以过得这么‘岁月静好’？每天下班不是学插花就是学画画，要不就是看书，写心得感悟。”

“我每次看你发的朋友圈，都很羡慕你，但又觉得你活得挺不真实的，就像理想世界中的人，好像生活永远只有美好的东西，没有一点阴暗、丑陋的东西。”

听了兰兰对自己的评价，杨柳轻轻地笑了一下。看来，她确实和自己的三观不合。

不过，毕竟朋友一场，兰兰又正是处于人生低潮期，杨柳还是安慰了她一番，建议她少想过去的事，学着往前看，以后生活上无论遇到什么困难，不要不好意思，可以打电话求助房东或是找隔壁邻居，不要一个人硬撑着。

-03-

安慰好兰兰，挂掉电话，已经是晚上十一点半了，杨柳的心情却无法平静下来。

两年前，她和结婚八年的前夫离婚，他们的儿子现在在她的老家读书，由她父母帮忙照看。

也是离婚后才两三个月，她的前夫就有了女朋友，还把微信的相册封面换成了他和现任女友旅行时拍的牵手照。

要说当时杨柳的心里没受到打击，那真的是自欺欺人。

刚离婚的那段时间，她也曾在深夜里，蒙着被子痛哭过好多次。

不是为了失去前夫、失去婚姻，而是一想到自己的人生如此失败，把八年宝贵的青春浪费在了一个错误的人身上，她就痛恨自己，觉得自己又蠢又可怜。

这种颓败的心情让她放不下自尊去跟任何一个人倾诉，哪怕是相交多年的闺密，她也始终守口如瓶，尘封着自己的内心。

没有人知道那段时期的她是怎样挨过来的。

到处都是染着五颜六色头发的年轻人的小酒吧，她一个斯斯文文的中年妇女，曾在那里独自买醉过。

寒风凛冽的深夜，她也曾像个游魂一样，独自游荡在街头。

周末的时候，她一个人待在狭窄而空荡荡的出租屋里，不吃不喝，睡到天昏地暗，恨不得睡死过去算了。

放任自己颓废了一段时间后，她知道，除了她自己，没有人可以拯救她，没有人可以帮助她走出这段灰暗的岁月。

因为她内心的伤痕和脆弱没有人看得到，她必须坚强给自己看。

-04-

积极的念头慢慢占据上风后，杨柳开始不再那么自怨自艾了。

哪怕她刚刚还为一些琐事焦躁，她也会发一条朋友圈，向自己和朋友们宣告：此刻的我，过得淡泊静谧 。

哪怕她刚刚还沉浸在不堪的往事中，她也会发一条朋友圈，告诉朋友们：未来很美好，我正在为美好的未来努力。

杨柳知道，或许这样做是一种自欺欺人，因为她真实的状态很多时候并非如此。

但是，她也慢慢体会到，在低潮的时候，让自己活得不那么真实，其实是对自己的一种安慰，可以为自己带来一股无形的力量。

这股无形的力量让她在不知不觉中真的朝那个模糊的方向去努力。

当她一步一步去努力后发现，个人的生活确实很难、很苦，但再难、再苦，只要自己坚持努力，总会慢慢度过。

在她学习插花、画画，还有读书这些事儿的路上，她遇到了很多和她一样的曾经也过得不开心的人。渐渐地，这些美好的事儿和这帮有共鸣的同伴让她的心灵平静了很多。

所以，兰兰眼中所谓的不真实，恰恰是杨柳的坚持。

人生在世，有情皆苦。只不过有的人能让苦转化为创造快乐的动力，而有的人只会沉溺在痛苦中无法自拔。

不要一直站在原地等待命运来垂怜你，等待它把你从苦的泥潭里拉出来，因为命运只愿意善待积极努力、心向光明的人。

当你不再期待时间倒流，当你能对过去一笑置之，当你能自己给自己力量时，才有可能岁月静好，未来可期。